U1007761

360° 全景探秘

最不可思议的宇宙星球

最 不 可 思 议 的 宇 宙 星 球

ZUI BU KE SI YI DE YU ZHOU XING QIU

360度全景探秘

最不可思议的宇宙星球

主编 李阳

天津出版传媒集团

天津科学技术出版社

图书在版编目（CIP）数据

最不可思议的宇宙星球 / 李阳主编. —天津：天津科学技术出版社，2012.4（2021.6重印）

（360度全景探秘）

ISBN 978-7-5308-6977-2

Ⅰ. ①最… Ⅱ. ①李… Ⅲ. ①宇宙—普及读物

Ⅳ. ①P159-49

中国版本图书馆CIP数据核字（2012）第078784号

360度全景探秘——最不可思议的宇宙星球

360DU QUANJING TANMI —— ZUI BUKE SIYI DE YUZHOU XINGQIU

责任编辑：杜宇琪

责任印制：刘　彤

出　　版：天津出版传媒集团 / 天津科学技术出版社

地　　址：天津市西康路35号

邮　　编：300051

电　　话：（022）23332399

网　　址：www.tjkjcbs.com.cn

发　　行：新华书店经销

印　　刷：永清县晔盛亚胶印有限公司

开本 690 × 940　1/16　印张 10　字数 200 000

2021年6月第1版第5次印刷

定价：35.00元

目 录

一、神奇的地球之谜

地球成因之谜

每一个关心并热爱我们地球的人都难免会提出这样的问题:我们生活的这个地球是如何形成的?具有一定科学知识的当代人，当然不会相信上帝“创世说”这样的答案。实际上，早在18世纪，法国生物学家就以“彗星碰撞说”打破了神学的禁锢。然而，人们也许还不知道，随着科学的进步，关于地球成因的学说已多达十多种，其中主要有以下几种:

(1) 彗星碰撞说。认为很久很久以前，一颗彗星进入太阳内，从太阳上面打下了包括地球在内的几个不同的行星。

◆ 地球

（2）陨星说。认为由于陨星积聚而形成了太阳和行星。这是在1755年，康德在《宇宙发展史概论》中提出的。

（3）宇宙星云说。1796年，法国人拉普拉斯在《宇宙体系论》中提出。认为星云（尘埃）积聚，产生太阳，太阳排出气体物质而形成行星。

（4）双星说。认为除太阳之外，曾经有第二颗恒星，行星都是由这颗恒星产生的。

（5）行星平面说。认为所有的行星都在一个平面上绕太阳转，因而太阳系才能由原始的星云盘产生。

（6）卫星说。认为海王星、地球和土星的卫星大小大体

◆ 地球

上相等，也可能存在过数百个同月球一样大的天体，它们构成了太阳系，而我们已知的卫星则是被遗留下来的“未被利用的”材料。

今天，地球起源的学说层出不穷，但地球是怎样形成的，仍是一个谜。

地球生命起源之谜

火星说

◆ 火星

科学家在南极找到了一块13 000年前“下凡”的火星陨石。这是一块马铃薯般大小的陨石，自太空掉落到地球时，穿过大气层之际被摩擦而燃烧，形成了一个光亮的火球，但它的中心却仍是冰冷的。美国太空总署于1996年宣布他们在陨石内发现可能是细菌留下的化学物痕迹时，轰动了世界。这证明陨石在穿过大气层时，外表燃烧但内里仍保持冰凉，可以令生命持续存在。

◆ 火星

加州理工学院研究员韦斯就领导着一个研究这块火星陨石的小组。他们的研究报告说：“把陨石加热至40℃时，它的磁量就会减少，据此显示陨石内部从未达到过这个温

度。而40℃是能杀灭大部分细菌的温度。”

“当然，我们不认为正是这块陨石把生命从火星带到地球来的。”韦斯说，“但根据电脑模拟方法，我们推测到自火星和地球形成至今，共有约十亿吨火星的石块被小行星撞击飞脱后掉到地球上。”

科学家们还相信，陨石是由彗星或小行星撞击火星表面造成的。这种撞击足以将火星表面的携带微生物的岩石，抛到火星引力鞭长莫及的地方。他们估计，虽然只有不到1%的这类岩石来到了地球，但它们已经足以把生命的种子传到地球上来。

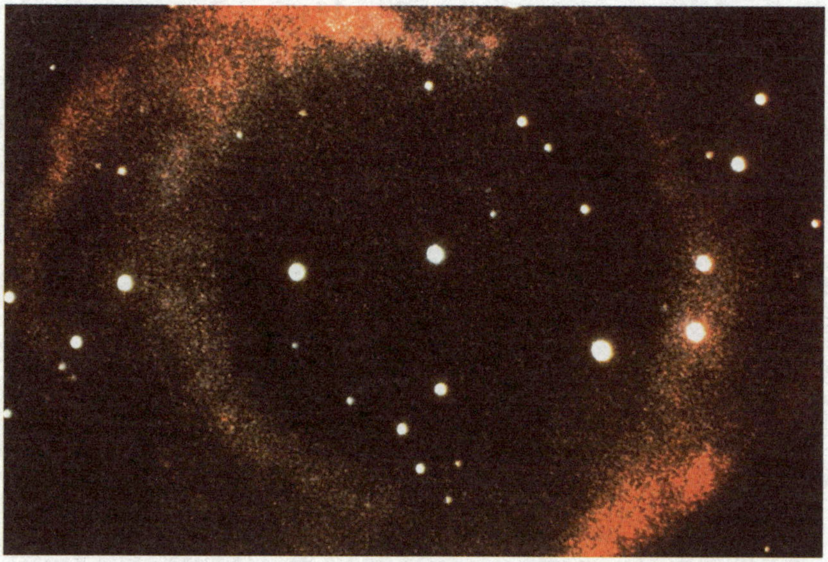
◆ 外太空

科学家们也指出，还存在另外一种可能性：这就是生命起源于地球，然后传播到了火星。但他们又认为，出现这种情况的机会不大，因为地球陨石是很难击中离太阳系中心较远的一颗较小的星球的。

外太空说

意大利那不勒斯矿物博物馆里一颗陨石内所含的活细菌，说明了地球上的生命可能不是源自地球，而是来自外太空。

地质学家达根尼欧和分子生物学家格拉奇在陨石中

培养了细菌。

他们说，要经过外太空抵达地球，就要承受得了高热，酒精则有消灭表层“地球微生物”的作用。此外，他们也指出，这些“太空细菌”的基因DNA和地球细菌的DNA不一样。

科学界对这两人的说法表示怀疑，因为他们没说出实验细节与研究方法，因此，也就不能成为绝对的论据。

英国地质学家温威廉斯认为，地球细菌很可能进占高温达不到的陨石里层。他和南极调查机构的同事就曾在一枚火星陨石里面发现了放线菌，跟南极土地里的细菌一模一样，遇到湿气就会生长。

温威廉斯说，人类终究会从别的地方找到生命的证据，不过要从陨石上找，则要设法从它一落地起，就断绝一切可能感染细菌的因素，但这可不是一件容易的事情。有关地球生命的起源，还需要不断地寻找更充分的论据。

地球年龄之谜

地球究竟高寿几何呢？

最早尝试用科学方法探究地球年龄的是英国物理学家艾德蒙·哈雷。他提出，研究大洋盐度的起源，有可能提供解决地球年龄问题的依据。

自1854年起，科学家们就提出一些观点估计了地球的年龄，可这些数字远远小于地球的实际年龄，但作为早期尝试还是有益的。

到了20世纪，科学家发明了同位素地质测定法。这是测定地球年龄的最佳方法，是计算地球历史的标准时钟。

根据这种办法，科学家们找到的最古老的岩石，有38亿岁。然而，最古老的岩石并不一定是地球出世时留下来的最早证据，不能代表地球的整个历史。这是因为，婴儿时代的地球是一个炽热的熔融球体，最古老的岩石是地球冷却下来形成坚硬的地壳后保存下来的。

20世纪60年代末，科学家测定取自月球表面的岩石标本，发现月球的年龄在44亿至46亿年之间。于是，根据目前最流行的太阳系起源的星云说，即太阳系的天体是在差不多时间内凝结而成的观点，便可以认为地球是在46亿年前形成的。然而，这是依靠间接证据推测出来的。

事实上，至今人们还没有从地球自身来发现确凿的“档案”以证明地球活了46亿年。

地球体积之谜

火山喷发、地震、比海啸更可怕的海水鼎沸现象。这些翻江倒海的奇观，也是地球放气的结果。

根据地球放气的现象和地球内部物质大量外喷的事实，有人认为，地球的“肚子”越来越瘪了，地球的体积自然要缩小了。但是，不久前，科学家曾公布说，地球自诞生以来，它的半径比原来增长了1/3。理由是各大洋底部在不断扩展。这种扩展是沿

着从北极到南极，环绕地球的大洋中部山脊进行的。经查明，太平洋底部的长度和宽度，每年扩展速度达到了几厘米。这种扩展是由地球深处的大量物质向上涌溢到洋底地壳，使地心密度变小，于是地球的体积就增大了。真的是这样吗？那我们的地球会不会因为体积的变大而带来什么不利的影响呢？这还有待于科学家们的进一步研究。

地球变暖之谜

多数专家认为，人类活动是造成气候变暖的罪魁祸首，而世界著名大气专家约翰·克里斯蒂却对此有自己的独到见解。

约翰·克里斯蒂对全球变暖是由人类活动造成的观点，或者说是否真正存在这种现象表示怀疑。尽管其他多数大气科学家对全球变暖越来越肯定，他却越来越持怀疑态度。

2000年秋天，正当政府间气候变化问题研究小组准备以更有力的证据宣布地球正以前所未有的速度变暖，人类正是造成气候变暖的罪魁祸首时，克里斯蒂却持截然相反的观点。他说：“通常的预测表明气温在逐步上升，但我们并没有看到气温升高。这表明近来的地表温度上升可能是由于人类活动以外的其他因素造成的。”

◆ 厄儿尼诺现象

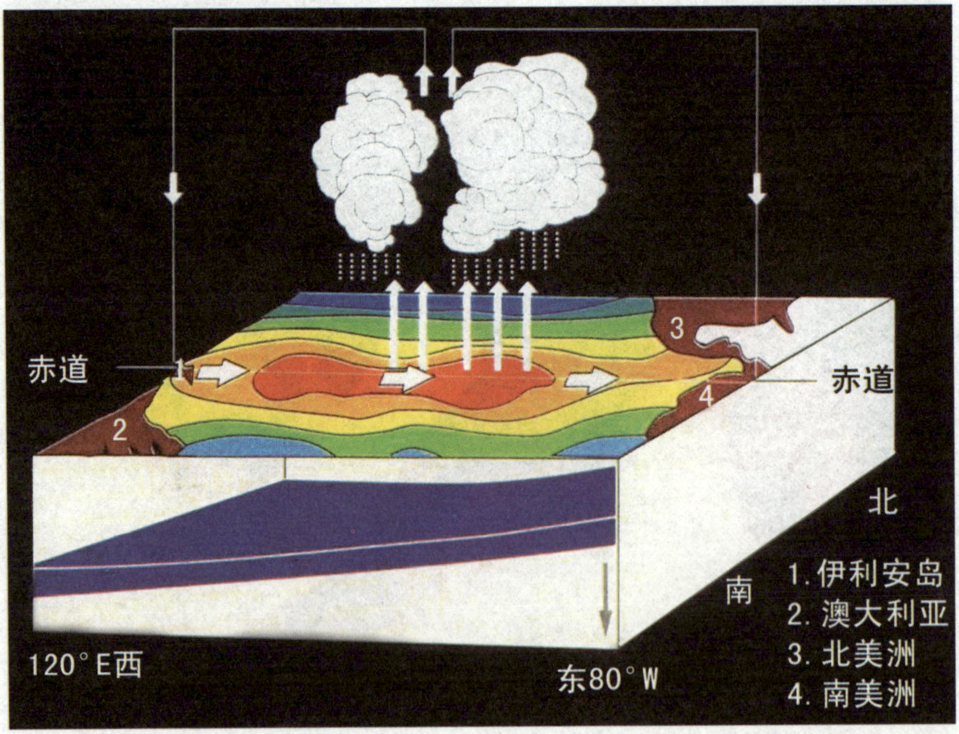

◆ 北极暖流

北极六大待解谜团

◆ 北极浮冰

◆ 北极熊

冰雪覆盖的北极，向来吸引着无数科学家和探险者。而如今神秘的北极还有什么未解的谜团呢？

北极会不会出现臭氧空洞

作为全球环境恶化的标志之一，南极上空的臭氧空洞已成为世界共同关注的话题。但现在有科学家通过观测发现，北极上空的臭氧含量也正在以每年1%～2%的速度减少。目前，在北极大气层的中心区已出现了一个臭氧含量较低的中心区。在北极的气候史上，这种臭氧含量的减少是正常现象还是反常现象？是什么原因导致这种减少？这个中心区会不会发展成为像南极一样的臭氧层空洞？

由于北极相对于南极离人类主要居住地北半球更近，因而对人类生存环境的影响也更大，解开这些悬念现在已成为科学家及至整个人类的当务之急。

目前，科学家们正试图通过在北极冰盖下抽取远古时代的冰，从中测量出一种酸根的含量，进而推算出北极在各个历史时期的臭氧含量，但这种方法是否能够准确反映出北极上空臭氧含量的历史变化，现在尚不得而知。

北冰洋浮冰影响降雨量

北极表面主要由北冰洋组成，北冰洋上常年覆盖着一层最厚达2000多米的浮冰，随着季节的不同，这些浮冰的面积和厚度也在发生不断的变化。

由于北极和南极是地球最主要的冷源，科学家们发现北极浮冰的变化与全球气候变化，尤其是降雨量的变化之间有着一种神秘的关系。

中国的一项统计数据表明，如果冬季北极浮冰的面积和厚度较大，则中国长江流域在雨季的降雨量就大；其他国家的一些监测也同样反映了北极浮冰和降雨量之间的某种关系。

◆ 北冰洋

但到底是什么机制使远在北极的浮冰对长江流域的降水量发生影响？目前人类对此知之甚少。

北极酸雾之谜

在北极的浮冰上、北冰洋的海面上，经常笼罩着一层雾。这种雾浓度很大，能见度很低，人在雾中有时甚至连身边的同伴都看不清，而且雾中还含有酸性物质，对人的眼睛有较强烈的刺激。北极又是冰又是海，湿度大，有雾不难理解，但为什么在北极这样一个几乎没有任何污染的纯洁之地，会出现酸雾，这就让人非常难以理解。

到底是北极本身具有形成酸雾的环境条件，还是由于北极离人类居住集中的北半球较近，导致人类生活废气在北极“汇总”而形成酸雾？人们对此莫衷一是。

北极形成之谜

如果将地球的北半球或是南半球向东转动100经度，你就会惊讶地发现，南极大陆与北冰洋的形状和面积都差不多，南极大陆刚好能够填入北冰洋，在相距如此遥远的地球两极，为什么会出现这种神奇的吻合？一位科学家曾提出一种大胆的解释：在地球演化过程中，曾有一颗小行星与地球发生碰撞，它从北极处撞击地球，并高速穿过地球中心，从南极穿出。这种说法多少有些臆想的成分，但上述现象的确是一个需要人们去破解的悬念。

◆ 北极

最早生活在北极的人

人们原先认为，直到距今约1.3万年前，才开始有人居住在北极地带。挪威科学家最近在俄罗斯境内北极地区靠近北冰洋的一条河床上，发现了石制工具、马和驯鹿的骨头、雕刻过的猛犸象牙等。放射性探测年法表明，这些物品约有3.5万至4万年的历史。新发现将该地区的人类活动史至少向前推了2万年。这些人到底是尼安德特人还是现代人的直系祖先，目前尚无充足的证据判断。

◆ 尼安德特人

◆ 北极熊

◆ 企鹅

北极只有北极熊，而南极只有企鹅

北极有北极熊，南极有企鹅，但这样一个看似简单的问题却难倒了许多科学家。那就是，虽然北极和南极的气候和环境极为相似，但为什么北极只有北极熊没有企鹅，而南极却只有企鹅没有北极熊呢？一些科学家根据板块漂移理论推论，认为北极熊和企鹅原本生活在同一大陆，后来由于板块漂移，它们分属不同板块，越漂越远，直到现在一个北极、一个南极，遥遥相望。这种解释因为缺乏证据而不足以服众，而这个悬念一旦揭开，对生物演变、地球演变都将有不一般的意义。

二、宇宙现象之谜

宇宙的六大悬案

宇宙第一大悬案——宇宙中存在生命吗？在宇宙中寻找地球外生命的根据是什么？一般来说，有这样几方面的理由：

第一，与生命产生相关的物质，如氨基酸、有机分子、甲烷……在陨石、彗星、太阳系以外的广阔空间都已有所发现，尤其是宇宙空间有机分子的发现，使得地外生命的存在变得更加合乎实际，而不是人们纯粹的猜想了。

第二，适合生命产生的环境——像原始地球那样的行星，在银河系里并非“独此一家，别无分店”，而是存在着许多。

第三，一些科学家正计划在其他星球上进行生命的实验，别的星球一旦出现生命之后，也会按生物进化的规律由低级到高级不断进化，最终也会产生像地球上的人类一样的高级文明生物。人们对科学家的大胆计划正拭目以待。

宇宙第二大悬案——黑洞天体为何物?黑洞通俗地说，就是在宇宙中有那么一些点，在这些点上(例如一颗燃烧尽了的恒星)由于自身塌缩的重力作用而不断被压缩，它的体积趋向于零，密度却变得无穷大，这样一来，围绕这些点的一定空间范围就形成了一个黑洞。黑洞的引力无比强大，任何东西靠近它的时候都会被它吞噬掉，就连光也逃脱不了这样的厄运。

最近，美国和加拿大的科

学家有“非常确凿”的证据证明，在银河系的一个星系中确实存在着一个黑洞。这个所谓的黑洞在大麦哲伦星云系中，它是一个双星系统，其中的一颗亮度很微弱，另一颗则看不见，而又确实存在。根据计算，这个看不见的星便是黑洞，其质量是太阳的8～12倍。这个黑洞已被命名为LMC－X。但它到底是不是黑洞？也许还需要有更直接的证据。

宇宙第三大悬案——引力辐射的问题。1916年，爱因斯坦最早从

理论上证明了引力是一种波。可是，直到现在，人们依然没有在实验中测出引力波来。从20世纪50年代后半期起，物理学家魏伯开始构思检测来自宇宙天体的引力波的奇妙方法。1969年，魏伯宣布他发现并成功地检测到了引力波。消息一经传出，全球轰动。

大约在魏伯首次实验的10年后，终于有人间接地证实了引力波的存在，但直接检测出引力波仍是实验物理学留下的最大课题之一。

宇宙第四大悬案——太阳系的第十颗行星。在我们的太阳系里，

除了目前已知的九大行星外，是否还存在第十颗行星呢？这个问题像幽灵似的在天文学家的心中盘旋着。找到它，这便是天文学家今后最迫切的任务。

◆ 宇宙

1977年，帕诺玛天文台的考瓦耳向世界各地的天文台发了一封电报，宣称他在10月18日发现了一颗低速移动的、光度为18等级的新天体。许多天文台根据考瓦耳的报告进行跟踪观察，并求出这颗新天体距离太阳的距离为7～13天文单位，它比土星遥远得多，但在天王星的内侧。问题

◆ 宇宙中的黑洞

是在冥王星外侧是否存在另一颗行星呢？

如果用彼德法则考虑在冥王星外侧存在新行星的话，那么在大型望远镜的视野里是可以发现的。天文学家为了能圆满解释太阳系行星之谜，无疑将会在遥远的宇宙空间里继续搜索新的天体——太阳系的第十颗行星。

宇宙第五大悬案——新元素发现极限。德国科学家通过重离子加速器，用人工方法制成第

107和第109号元素。虽然到现在还没有发现第110号或以后的元素，但却不能说元素发现到此结束了。既然没有结束，那么谁又知道有没有尽头呢？

宇宙第六大悬案——人类进化有缺环。还在18世纪，英国生物学家赫胥黎在研究了尼安德特人的头骨以后，认为它是一个具有猿脸的头骨，但绝不是人与猿之间的中间缺环。这就告诉我们，人与猿之间的亲缘关系，似乎还应该有一环。从19世纪末，这个缺环一直没有找到它的化石。

1891年荷兰的军医杜布瓦在爪哇发现直立猿人（爪哇猿人）的骨骼，全世界为之轰动。爪哇猿人的发现，证明了这个缺环确实是存在的。20世纪20年代，在中国的周口

店又先后发现了北京猿人的牙齿和头盖骨。

可是，在20世纪中叶，日本的人类学家认为爪哇猿人和北京猿人尚不是真正的中间缺环，它更接近于人的一方。这样，刚发现了不久的中间一环，又被否定了。

于是人类学家又不得不去寻找介于猿和人之间的新的一环以取代直立猿人。这就把南方古猿作为缺环提出来了。可是遗憾得很，南方古猿从脑的大小上看，它跟黑猩猩和大猩

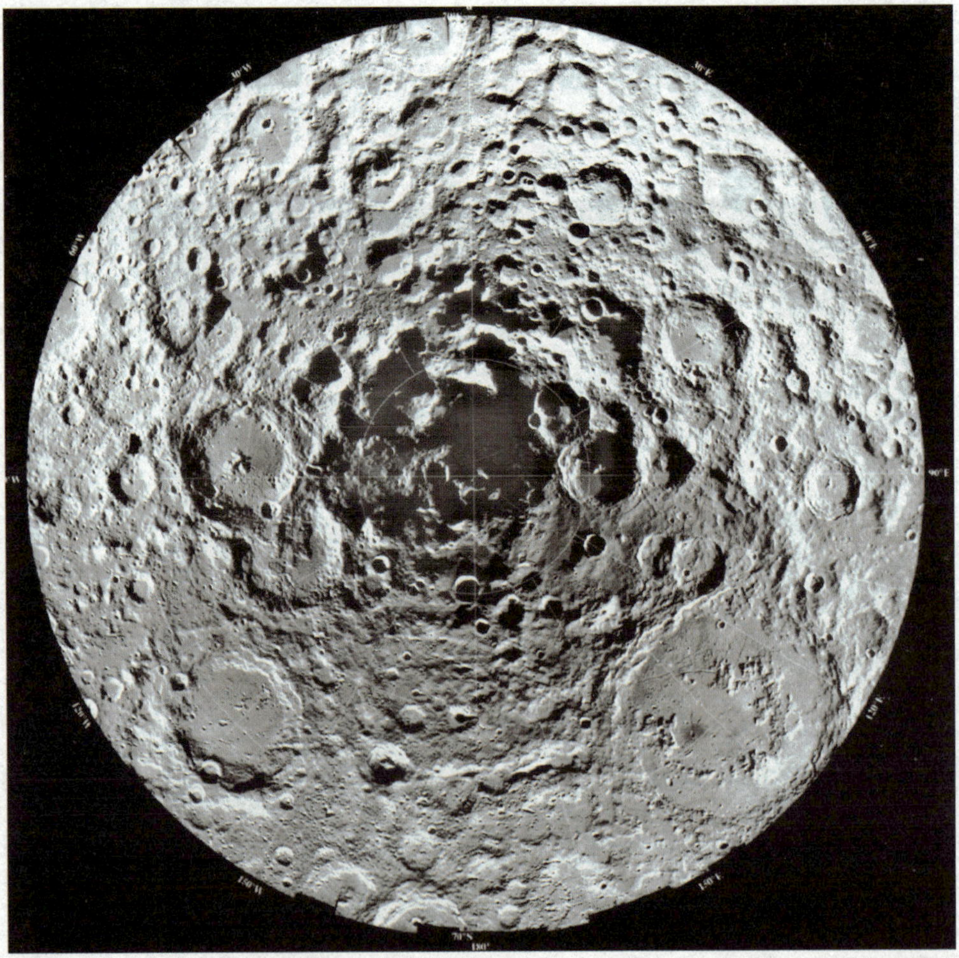

猩几乎差不多。所以，设想中的缺环还是没有找到。

那么，在猿与人之间到底应该是什么样的一环呢？日本人类学家把它称为“类猿人”(注意：不是类人猿)。如果这一缺环确实是存在的话，那么就可以相信，类猿人将会被发现，或者正在发现之中。

最神秘的宇宙之谜——黑洞

黑洞形成的必要条件就是：一个巨大的物体，集中在一个极小的范围。晚期的恒星恰巧具备了这样的条件。当恒星能量衰竭时，高温的火焰不能抵消自身的重力，逐渐向内聚合，原子收缩——牛顿法则起作用了：恒星进入白矮星阶段，体积变小，亮度惊人。白矮星进一步内聚，最后突变成一个点，整个过程不到1秒。在我们看来恒星消失了，一个黑洞诞生了。

一个像太阳这样大的恒星，自身引力如此之大，可能最终收缩成一个高尔夫球大小的球体，甚至“什么都没有”。由于无限大的密度，崩坍了的星体具有不可思议的引力，附近的物质可能被吸进去，甚至光线都不能逃脱——这是看不见它的原因。这个深不可测的洞，就被称为“黑洞”。科学家相信大多数星系的中心都有黑洞，包括我们身在其中的银河系。根据相对论，90%的宇宙都消失在黑洞里。所以有一种令人吃惊的说法是：“无限的黑洞乃是宇宙的本身”。

天文学家利用光学望远镜和X射线观察装置密切地注视着几十个“双子”星座，它们的特别之处在于两个恒星大小相等，谁都不想俘获谁，因而互为轨道运转。如果其中一颗星发生不规则的轨道变化，亮度降低或消失，有可能就是因为附近产生了黑洞。

人类为探索黑洞付出了不懈努力。最为成功的一次是在肯尼亚发射的第一颗X射线卫星观测系统，被称做“乌胡鲁”，这个装置在发射后运行3个月就觉察到天鹅星座的异常。天鹅座X1星发出的“无线电波”使得人们可以准确地测定它的位置。X1星比太阳大20倍，离地球8000光年。研究表明这颗亮星的轨道发生了改变，原因在于它的看不见的邻居——1个有太阳5～10倍大的黑洞，围绕X1旋转的周期是5天，它们之间的距离是约2092千米。这是人类确定的最早的一颗黑洞体。

自哥白尼和伽利略以来，还没有一个关于宇宙的理论具有如此的革命性。黑洞的普遍性一旦证实，那么“宇宙不仅比我们想象的神秘，而且比我们所能想象的还要神秘”。我们知道宇宙处于不断的扩张中，这是“宇宙核”初期爆炸的结果，宇宙核乃是一切物质的来源。当那里的物质越来越稀薄时，宇宙是否停止扩张？天体的巨大引力是否

最终引起宇宙收缩？相对论回答："是的。黑洞的存在部分地证实了它的预言。即使宇宙不会消失在一个黑洞中，也可能会消失在几百万个黑洞中。"另外，彻底揭开黑洞之谜，还意味着给予有关人类终极命运的思索一个明确的答案。

反物质存在之谜

寻找反物质，这种想法看起来有些奇怪，但科学探索差不多从来都是从一种奇特的想象开始的。因此，一项大型的太空科学实验引起了科学界的极大关注。

迄今为止，寻找太空中的反物质和暗物质，一直是天体物理、粒子物理和宇宙论面临的重大疑难问题。宇宙中可能存在反物质的想

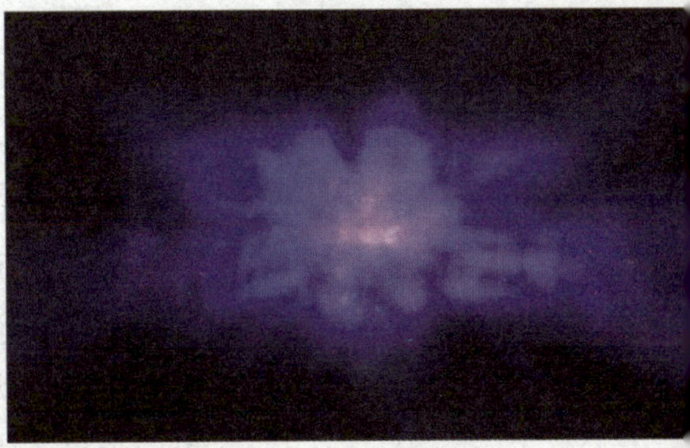

法，源于目前被科学界普遍公认的大爆炸学说。

科学研究的大量证据表明，宇宙是由大约在150亿年前的大爆炸产生的。大爆炸后，宇宙在不断地膨胀和冷却。根据粒子物理理论，大爆炸时应产生同样数量的物质和反物质。现在，我们已经知道，组成我们周围世界的是物质，物质的原子核是由质子和中子组成的，它们都带正电。那么，从理论上说，组成反物质的原子核就是由反质子和反中子组成，它们是带负电荷的。而现在所有的实验都还没有观察到这种现象。

对于在宇宙中找不到反物质的现象，几十年前，就有科学家大胆设想，如果宇宙中的正电子和负电子

完全对称，又因为地球由带正电的电子和质子组成，那么就可能另外存在一个主要由反电子和反质子组成的星球。

科学家们认为此次实验的重要意义在于，人类第一次开始了物质现象的实验研究。

用于科学实验的预定要送上太空的质谱仪，是一个设计不太复杂、但灵敏度非常高的仪器，尺度和一个桌子大小差不多。它的主体是在一个圆筒状的结构中，放置以钕铁硼为材料的磁场强度很高的永久磁铁，它由磁铁后方的探测器来记录带不同电荷物质在通过磁场后的偏转轨迹。

此次实验，是否一定能找到反物质还是个未知数。但由于此次实验的重大意义，它得到了许多国家政府的支持，吸引了许多国家的科学家参加这个实验，如中国、美国、德国、意大利、瑞士、芬兰、俄罗斯等国的科学家。这个实验中的最重要材料钕铁硼，是由中国包头稀土研究所研制的，这是当今世界上最好的永磁性材料。

此外，这项实验还有助于寻找暗物质。天文学上把宇宙中用光

学方法看不到的物质称做暗物质。最近，天文学的观察和研究发现，暗物质在宇宙中大约占90%。那么，这些暗物质究竟是什么？科学界的人士众说纷纭。质谱仪通过精确测量太空中的能量分布，有可能通过实验的手段，对这一富有挑战性的重大疑难问题做出一个合理的解释。

不管此次大型太空科学实验研究的结果如何，科学界都寄予了很大期望，因为这毕竟是人类探索宇宙奥秘的一次重要努力。

大爆炸之谜

从前有个似乎十分简单的设想，即宇宙始于一次大爆炸。

“大爆炸”理论可以把宇宙诞生的故事慢慢拼凑起来。“大爆炸”方程式甚至还可以用于预测宇宙历史早

期形成的质量较轻元素(氦、氢和锂)的相对数量。而且“大爆炸”理论还与观测结果十分吻合，这真是不可思议。

但是这种理论上的乐园已经难有好日子过了。最近几年，“大爆炸”理论不能自圆其说的问题接踵而来，宇宙不再那么循规蹈矩了。

最新打击

人们长期以来一直认为，星系彼此之间的引力与宇宙扩张相抗衡，向心引力刚好与离心张力形成平衡，使宇宙得到控制。可是科学家却发现了宇宙在加

速膨胀的证据，这表明存在某种尚无法解释的与引力作用相反的斥力。

虽然还未成定论，但是它却是理论学家一直绞尽脑汁要弄明白的一系列惊人结论中最新出现的一个。由于天文学家们的观测工具越来越灵敏，所以就必须不断往原始的“大爆炸”

理论中塞进一个又一个用心良苦的假设——先是宇宙诞生大爆炸之后随即出现过短暂的“膨胀期”、存在大量看不见并无法解释的“暗物质”，现在则可能是正使宇宙加速扩张的某种神秘的东西。

理论起源

爱因斯坦是最先模模糊糊领悟到后来称为“大爆炸”的人之一，他对这种设想深恶痛绝。1917年，他意识到按照他的广义相对论意味着宇宙要么在收缩，要么在膨胀。他给他的方程增加了一个项，后来称之为宇宙常数，这是一个附加因素，可以使宇宙体积的变化忽略不计。

◆ 爱因斯坦

后来，天文学家们收集到了确凿的证据，表明星系的确在膨胀，离开地球的距离以及彼此间的距离越来越远。爱因斯坦因此有个著名的论断，认为其宇宙常数是他的“最大错误”。

“大爆炸”理论几乎从问世以来就一直争议不断。

通过间接测量星系之间的距离以及星系漂移的速度，著名天文学家埃德温·哈勃得出的结论认为，宇宙大爆炸距今已有20亿年历史。但是地质学家利用铀衰变为铅的速度却计算出地球本身的年龄为40亿年。

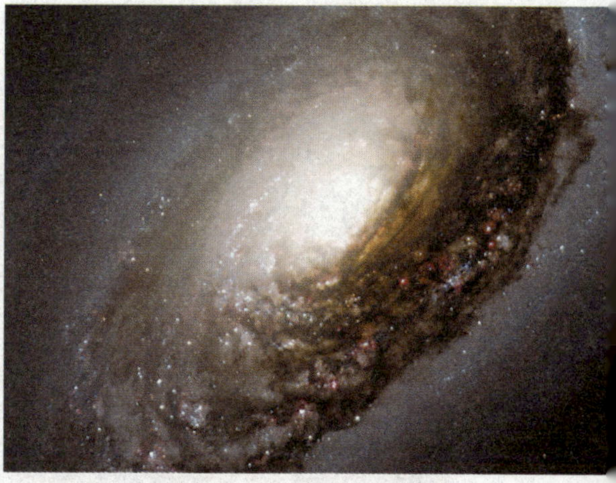

这一矛盾很快得到了解决。星系的移动速度是根据星系光线红移量测定的，这有点像远去的轮船汽笛声，音量急剧下降。对星系距离的测量甚至就更不确切了。人们不得不进行这样的推理，即如果能够在某个天体附近并一览无余地盯着看的话，该天体的亮度该有多大。进一步说，通过将这种假设的固有亮度与实际上抵达地球的光线亮度相比较，我们就能估算出该天体与地球之间的距离了。

直到1965年前后，该理论的拥护者还不及怀疑者的数量。当时天文学家阿尔诺·彭齐亚斯和罗伯特·威尔逊发现了无处不在的背景辐射，这是最初大爆炸留下的余光。再加上对最初大爆炸后形成丰富轻元素的预言得到验证，大爆炸理论似乎就可以盖棺定论了。

不断修正

但并不是所有事情都能得到解释。例如，为什么无论在哪里出现的背景辐射都有完全一样的温度呢？这种吻合看上去过于完美，而显得不够真实自然。还有更令人不可思议的，那就是宇宙匪夷所思的形状。一个“封闭”的宇宙是弯曲的，所以宇宙万物最终会崩溃。而一个“开放”的宇宙则将无限扩

张。但是无论如何，我们自己的宇宙似乎是“平的”，介于这两者之间。

除非存在宽厚仁慈的独裁者，否则宇宙中的一切怎么能够如此和谐呢？

1979年出现了一个答案，当时物理学家艾伦·古思提出了一个假设，认为在最初大爆炸之后，宇宙紧接着进入超高速疯狂扩张期，宇宙体积成倍地膨胀。该膨胀期只持续远远不到一秒钟的刹那间。但是计算结果表明，这就足以使辐射变得均匀，并使弯曲展平——消除了大爆炸留下的波纹，于是又恢复了宇宙常数。

但是宇宙学家们随后又开始感到不安了，因为宇宙辐射过于均匀。这表明宇宙最初是均质单一的，后来莫名其妙地演化成我们今天所见到的不规则的宇宙，中间点缀着恒星、星系和巨大星系团。要想让这么多的物质凝结起来，似乎宇宙的年

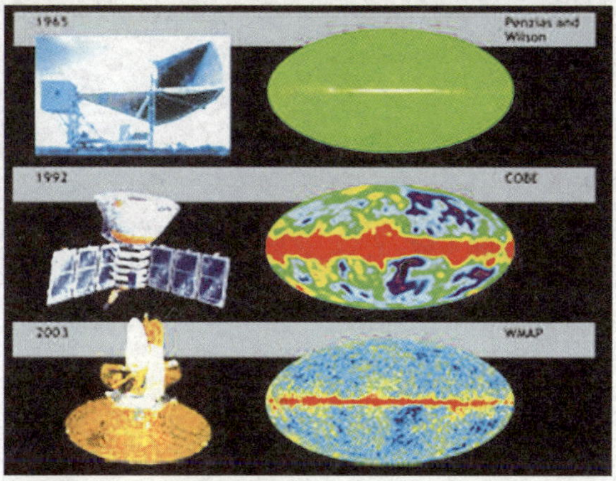

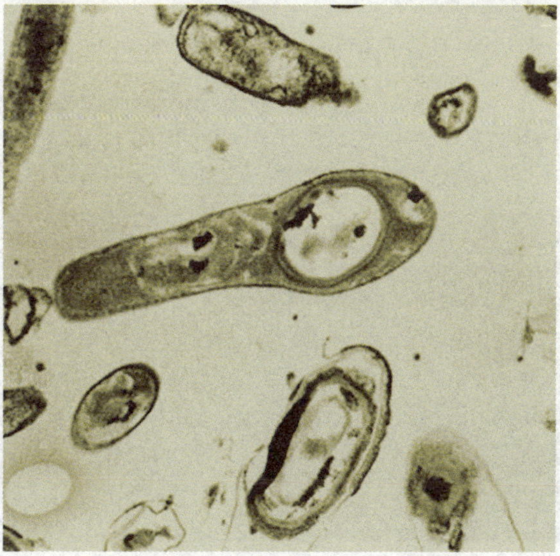

◆ 二叠纪芽孢杆菌

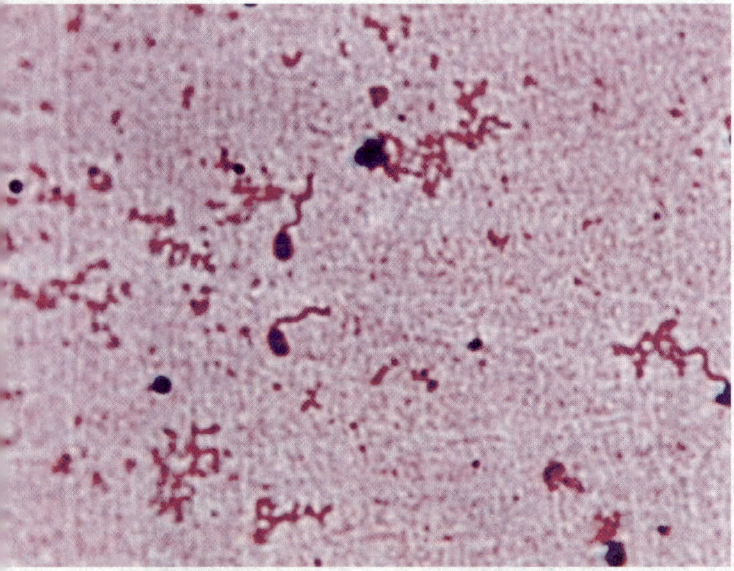

◆ 放线菌

龄还不够大，引力也不够强。于是就出现了另一次修正。宇宙学家们已经发现，理论上存在的暗物质可以让“大爆炸”理论自圆其说。如果宇宙中存在足够多的这种看不见的物质，那么这种物质就可以产生额外的引力，促使巨型结构的形成。

“大爆炸”理论变得不再简单明了，现在甚至似乎变得越来越复杂了。

以正在发生爆炸的恒星超新星作为测量距离的信标(因为可以用超新星闪烁的速度来估计它们的实际亮度)，天文学家们很不情愿地得出了这样一个结论，即宇宙可能正在莫名其妙地加速扩张。

还可能出现这样的情况，光学错觉让天文学家们看走了眼。与此同时，理论学家们又在忙着修补漏洞了。

物理世界11个未解之谜

这里讲述的是一个现代物理学的故事：有两位在同一所大学、不同领域工作的科学家。一位研究的是远离地球的巨大物体，而另外一位则为身边的微小物质所着迷。为了满足人们的好奇心，一位制造出了世界上威力最强大的望远镜，另外一位则制造出了世界上最好的显微镜。当他们分别把自己的仪器对准了更加遥远和更加微小的物体时，他们开始观察到前所未见、或者说从未想象到的结构和行为。他们激动不已，但是又非常懊丧，因为现有的理论无法解释他们观察到的现象。

有一天，两人离开自己的实验仪器去喝杯咖啡休息一下，正巧在系里的休息室里相遇，于是开始不无同情地讨论起如何解释他们所遇到的难题来。突然间，两人不约而同地意识到，他们虽然观察的是宇

宙的两个相对的极端，但是他们观察到的却是同样的现象。就像盲人摸象一样，一位科学家抓住了它不断摆动的尾巴，另一位则抓住了它硕大的鼻子。在对照了笔记之后，两人才发现，其实他们抓住的是同一头动物。

如今的粒子物理学家和天文学家们所面对的正是这样的局面。物理学家们利用线性和环形粒子加速器作为他们高分辨率的“显微镜”，来研究那些小得看不见的粒子。天文学家们则利用十几台新的超大尺寸的望远镜，研究着同样微小的粒子，只不过他们的研究对象是在太空里。这场奇异的信息撞车意味着，获取粒子物理学中圣杯般的成就也就是对自然界所有4种力(电磁力、弱力、强力和引力)的统一的理解——将会部分地由天文学家获得。

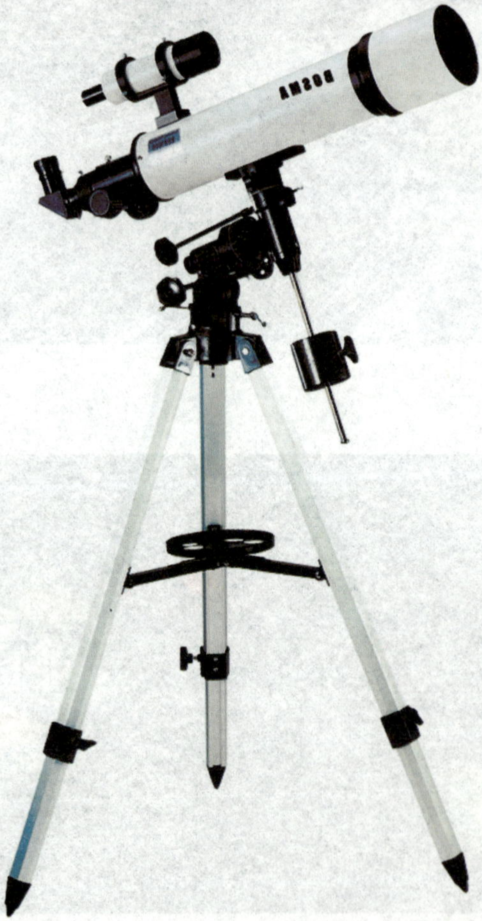

这些工作所隐含的意义使科学家们兴奋不已。因为在以往，互不相干的现象的奇异结合曾经创造出了理解的飞跃。举例来说，毕达格拉斯就曾经证实了抽象数学可以应用于现实世界当中，从而使科学世界大受震动。而当牛顿发现行星的运动和苹果的掉落都是由于引力的作用时，人们对世界的理解也发生了同样的飞跃。麦克斯韦尔统一了磁力和电力，从而创造出了物理学的新纪元。而这当中最伟大的理论统一者爱因斯坦，则是把物质、能量、空间和时间编织在了一起。

但是迄今为止，还没有人能够将量子力学的微小世界与我们透过望远镜所看到的广大世界编织在一起。当这两者走到一起时，物理学家们意识到，他们正在非常接近一个单一的“万物理论”，可以解释自然界万物的运行，它也就是人们长期以来所追寻的统一场论。

几年前，在美国国家研究理事会董事会的一次报告会上对两种场的合并日程进行了表述之后，美国国家航空航天局的行政官丹尼尔·戈尔丁建议推出一份特别报告，对天文学家和物理学家们从彼此的研究中能够受益多少进行详细的表述。不久之前，该理事会的宇宙物理学委员会发布了这份报告，其中详细列举了11个巨大的谜团，其中的一些可能在10年内就能得到解答。如果是这样的话，科学将发生历史上最伟大的一次飞跃。

让我们首先来看看，我们还不了解答案的是哪些谜团呢？

谜团一：什么是暗物质

我们能够找到的普通物质大概只占宇宙的4%左右。我们的这个推论结果，是通过计算让星系聚集在一起，并且让它们以巨大的星团形式运动需要多少质量而得出来的。另一种给无法看见的物质称重

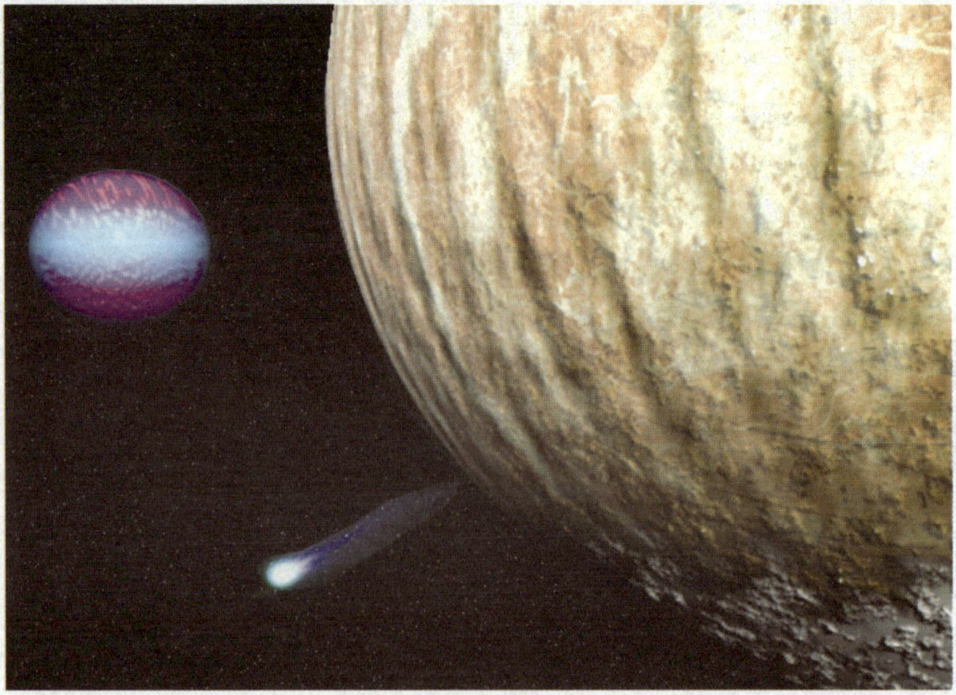

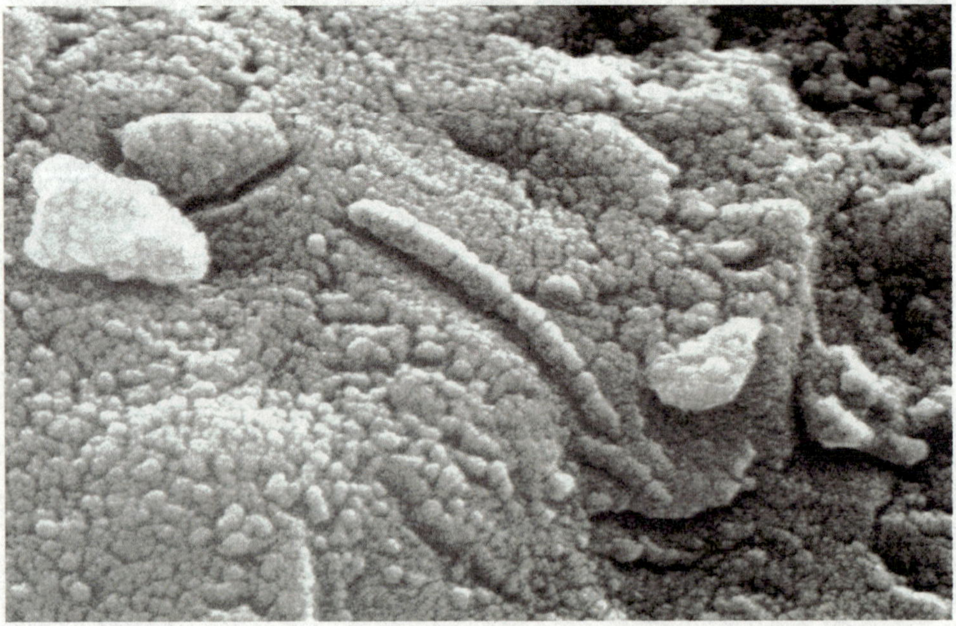

的方式，是观察引力如何使来自遥远物质的光发生弯曲。每次测量都告诉天文学家们，宇宙中多数的物质是看不见的。

人们可能会禁不住认为宇宙一定是充满了灰尘或是由不动的恒星构成的黑色星云，并且满足于此，但是非常有说服力的论据表明事情并非如此简单。首先，尽管有办法发现即使是以最黑暗形式存在的物质，人们寻找丢失的星云和恒星的每一次尝试都失败了。其次，也是最有说服力的是，宇宙学家们已经可以对宇宙大爆炸之后所发生的核反应进行精确的计算，并且将预期的结果和实际的宇宙成分进行比

◆ 暗物质和能量

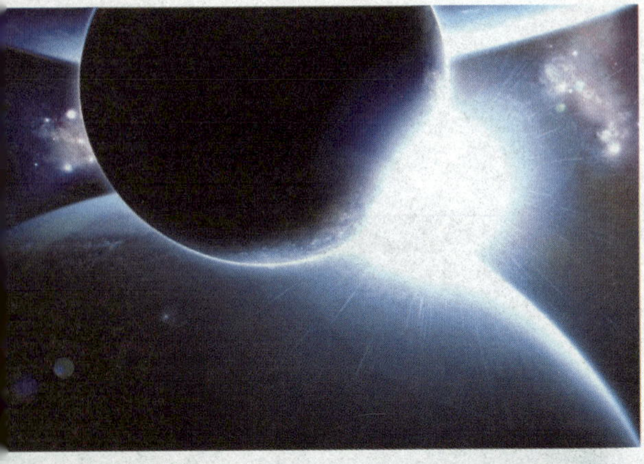

较。这些计算表明，由人们熟悉的质子和中子组成的普通物质的总量，比起宇宙的总质量来要小很多，不论剩下的东西是什么，它都不太可能是由组成我们人类的物质所构成的。

正是这寻找宇宙中丢失的一部分的探索过程，让宇宙学家和粒子物理学家们聚在了一起。在未被发现的暗物质中，首要的候选者是微中子和其他两种粒子：线中子和轴粒子，这两种粒子是由一些物理理论所预测的，但是从未被人们探测到过。所有这3种粒子的电性都被认为是中性的，因此它们无法吸收或者反射光，但是又具有足够的稳定性，能够从宇宙大爆炸后的最初阶段留存下来。

谜团二：什么是暗能量

宇宙学近期的发现证实，普通物质和暗物质还不足以解释宇宙的结构。还有第3种成分未被发现，它并非物质，而是某种形式的暗能量。

这种神秘成分存在的第一批证据，来自

对宇宙几何形状的测量。爱因斯坦的理论认为，所有的物质都会改变它周围空间和时间的形状。因此，宇宙的整体形状就是由它内部全部的物质和能量来主宰的。近期对宇宙大爆炸遗留下来的辐射所进行的研究表明，宇宙的形状再简单不过了，它是扁平的！这个发现反过来也揭示出了宇宙的总体质量密度。但是在将所有的暗物质和普通物质的潜在来源加起来之后，天文学家们发现，它们还少了三分之二。

◆ 暗物质可能存在的区域

第二批证据提示人们，神秘的成分必定是一种能量。对远方的超新星进行观察之后，科学家们发现宇宙扩张的速度并不像他们原来所假定的那样在放慢；事实上，这种扩张的速度在增加之中。除非存在着一种遍布宇宙的、不断地将时间和空间的结构向外推出的排斥力，这种宇宙加速度便是很难解释的。

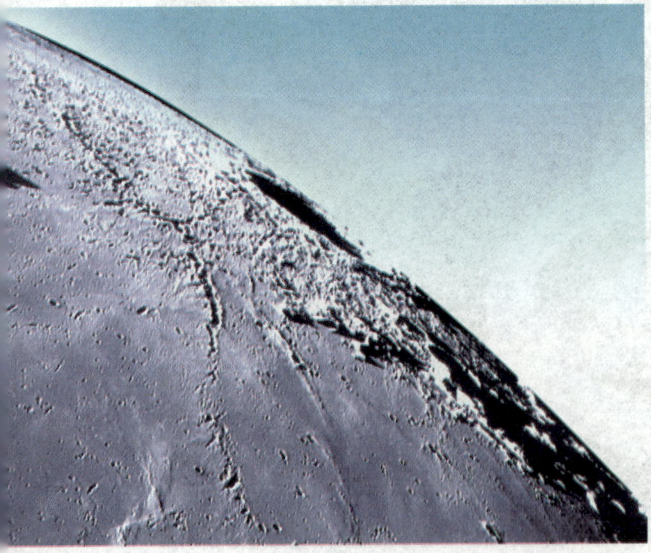

暗能量为什么会产生一个排斥性的力场，这个问题有一点复杂。量子理论认为，虚无的粒子可以突然出现，存在极短的时间，然后再遁于无形。这就是说，宇宙的真空实际上并不是真正的空无一物。更恰当地说，空间充满了低级能量，这种能量是在虚粒子和它们的反物质伙伴短时间地存在和消失时所创造出来的，这个过程之后还有一个被称为真空能的非常小的场存留下来。

这种能量应该产生一种负的压力，或者说排斥力，因而也就解释了宇宙的扩张为什么

是在加速。可以考虑这样一个类比：如果你把一个空的气密容器上的密封的活塞向后拉，你会在容器里制造出一个近似的真空。起初，活塞上几乎没有什么阻力，但是你拉出活塞越多，内部就越接近真空，活塞上产生的对抗力也就越大。尽管外太空的真空能是由量子力学奇异的定律，而不是由一个拉拽活塞的人灌输进去的，这个例子也足以说明负压力是如何产生排斥力的。

谜团三：从铁到铀这些重元素是怎样形成的

◆ 反物质

暗物质和可能存在的暗能量都是起源于宇宙最早期，也就是氦和锂等元素诞生的时期。较重的元素稍后在恒星内部形成，核反应将质子和中子挤压在一起形成了新的原子核。例如，4个氢核（每个带1个质子）经过一系列的聚变形成了1个氦核（含有两个质子和两个中子）。这就是在太阳内部每时每刻所发生的事情，也正是这个过程给我们的地球带来了光和热。

但是聚变要产生比铁重的元素时，它需要非常多的中子。因此，天文学家们猜测较重的原子是在超新星的爆炸中形成的，这里现成中子的供应量非常充足，但是这个过程具体是如何发生的却无人知晓。

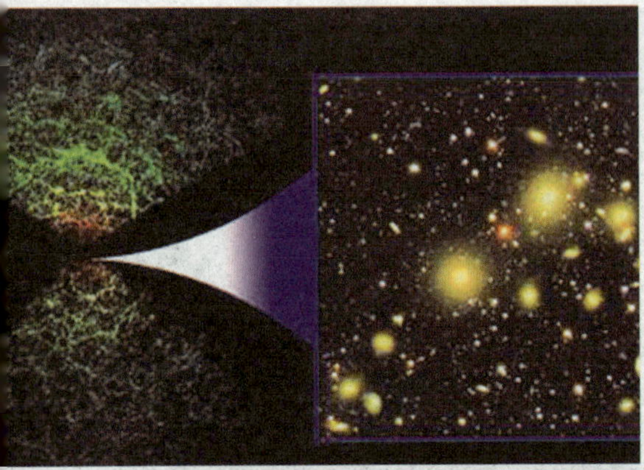

最近一段时间，科学家们已经开始推断，至少有些最重的元素，如金和铅，是在当两颗中子星那些小小的、燃烧殆尽的星体残骸碰撞并形成黑洞时所发生的更强大的爆炸过程中生成的。

谜团四：微中子有质量吗

那些创造出重元素的核反应同样也创造出了大量幽灵般的亚原子微粒，它们被称为微中子，属于一组被称为轻子的粒子群，这其中还包括我们熟悉的电子、μ介子和陶粒子。由于微中子极少和普通物质发生相互作用，因此它们能够直接向我们展示恒星内部的情况。当然，我们只有捕捉到并研究这些粒子才有可能做到这一点，不过物理学家们已经在学习和尝试着这样做了。

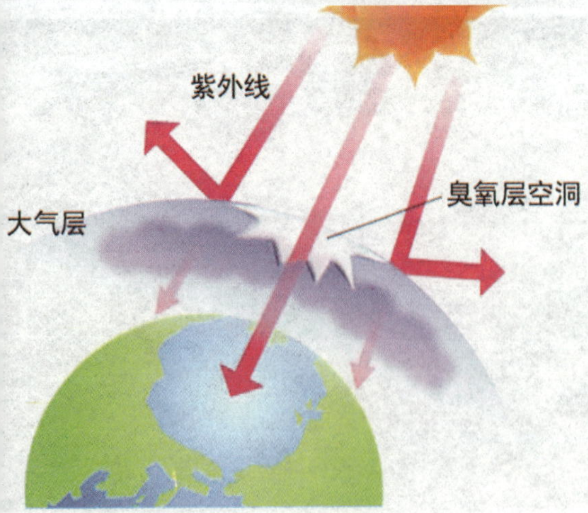

不久以前，物理学家们还认为微中子是没有质量的，但是最近的研究进展却表明，这些粒子可能有着很小的质量。与之相关的任何证据都会有助于验证一套理论，用它可以寻求对4种自然力之中的3种——电磁力、强力和弱力进行描述。即便是很小的一点点重量也能够叠加起来积少成多，因为从宇宙大爆炸中留存下来的粒子实在是不计其数。

谜团五：超高能粒子从何而来

来自宇宙空间，包括微中子、伽玛射线光子和各种其他的亚原子散粒子在内的各种粒子中，能量最强的被称为宇宙射线。它们无时无刻不在轰炸着地球，当你读着这篇文章的时候就有几束射线穿过你的身体。有时候，宇宙射线强大之极，它们必定是在威力惊人的催化剂作用下，产生于宇宙的加速器之中。科学家对它的来源有几种猜测：可能是宇宙大爆炸本身，可能是超新星发出的冲击波与黑洞发生撞击，也可能是星系中央的物质被吸入巨大的黑洞时所产生的加速作用。了解了这些粒子如何产生以及如何获得如此巨大的能

量，我们就会对这些剧烈冲撞的物体的行为方式有所了解。

谜团六：如何解释在极高温度下所发生的事情

谜团五中所提到的那些剧烈的撞击过程，留下了一些可以看见的辐射踪迹，其中伽玛射线尤为突出——它是普通光的“表兄”，但是却具有极高的能量。过去的30多年中，天文学家们已经知道，这些射线所产生的、被称为伽玛射线爆发的明亮闪烁，每天都会从天空的任意一个方向来到我们身边。近年来，他们已经查明了这些爆发的位置，初步确定它们是来自于超新星强大的爆炸，以及中子星彼此之间及中子星与黑洞的碰撞。但是当如此多的能量汇聚到一起时会发生什么事情呢？这个问题即便时至今日，也没有人能够作出多少解答来。在那种情况下，物质变得红热无比，它与辐射通过人们并不熟悉的方式交互发生作用，而辐射产生的光子彼此撞击在一起生成新的物质。物质和能量之间的区别这时变得模糊了。再加上磁力的因素，物理学家们对在这样可怕的场景下所发生的事情就只有大致猜测的份。或许现行的理论根本就不足以对这些现象做出解释呢。

谜团七:高温和高密度下是否存在物质的新状态

在能量极强的情况下，物质会进行一系列的转换，原子会分裂成其最小组分。这些组分就是被称为夸克和轻子的基本粒子，就目前我们所知，它们已经不能被分割成更小的部分了。夸克极容易和其他粒子结合，因此它们在自然界中从来未被单独观察到过，而是经常发现它们与其他的夸克相结合形成质子和中子(每个质子由3个夸克组成)，而这些质子和中子又进一步与轻子(比如电子)结合而形成整个原子。例如，氢原子就是由一个围绕单个质子旋转的电子构成的。原子呢，它们转而又和其他的原子结合起来形成分子，比如水分子就是这样。随着温度的上升，分子又从如冰一样的固体状态，变成如水一样的液态，再变成如蒸汽一样的气态。

这些都是我们所了解的、可以预见的科学所告诉我们的，但是当温度和密度比地球上的要大数十亿倍的时候，组成原子的基本部分彼此可能会完全地被强硬拆开，从而形

成由夸克和将夸克结合在一起的能量组成的等离子体。物理学家们正试图在长岛的1台粒子对撞机上创造出这种夸克胶子式的物质状态来。而在物理学家们远远无法创造出来的更高的温度和压力之下，这种等离子体可能会转变成为一种新的物质或者能量形式。这种物质状态的转变还可能揭示出自然界新的力的存在。

这些新的力将会加入我们已知的一种调节夸克行为的力的行列中。所谓的强力是将这些粒子结合在一起的主要媒介。而第2种被称为弱力的原子力，则可以将一种类型的夸克转变成另一种(夸克有着6种不同的“味道”——上、下、迷人、奇异、顶上和底部)。

最后一种原子力，也就是电磁力，它可以将诸如质子和电子这样的带电粒子结合在一起。正如其名字所暗示的那样，强力是3种力之中

最强有力的，它比电磁力要强劲100倍以上，而比弱力则要强劲10 000倍以上。粒子物理学家们怀疑，这3种力有可能是单一的能量场的3种不同的表现形式，这与电力和磁力分别代表一个电磁场的不同方面非常相似。实际上，物理学家们已经揭示出了电磁力和弱力之间潜在的统一性。

有些统一场理论认为，在宇宙大爆炸刚刚发生后的超热的原始宇宙之中，强力、

弱力、电磁力和其他力只是一种力，其后随着宇宙的扩张和冷却它们才逐渐分化。在新生的宇宙中可能会出现各种力的统一，正是这种可能性的存在，使粒子物理学家对天文学如此感兴趣，也使天文学家们转而向粒子物理学来寻找这些力在宇宙的诞生中可能扮演的角色的答

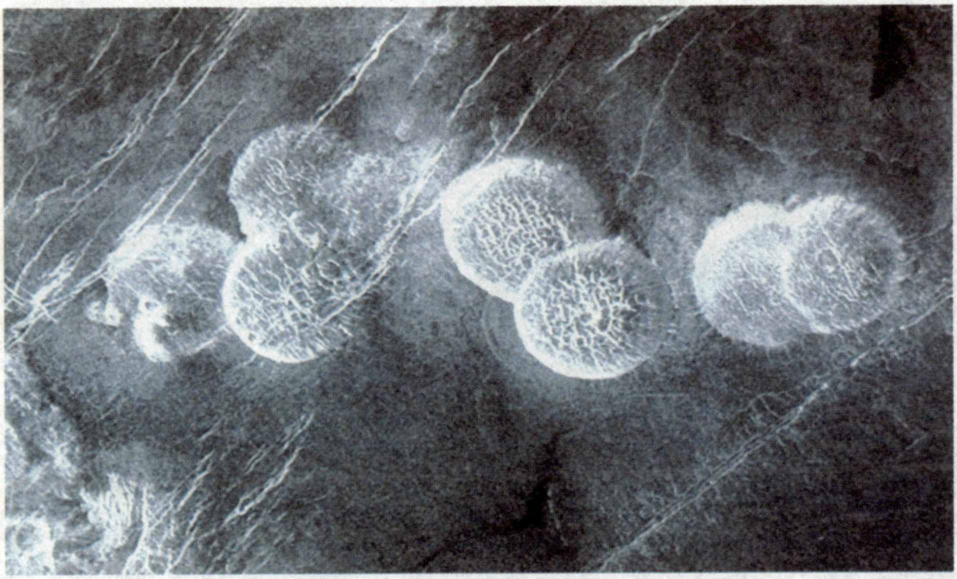

案。力的统一如果要发生，必须有一种超高质量的被称为线规玻色子的粒子存在。

如果它们存在的话，它们会让夸克转变成其他粒子，并引起位于每个原子中心的质子发生衰变。如果物理学家们能够证明粒子可以衰变，就足以说明有新的力存在。

谜团八：质子是不稳定的吗

假如你担心组成你身体的质子会解体，将你变成一堆基本粒子和游离能量的话，这就不免多虑了。各种观察核试验都表明，质子至少在十亿万年内保持稳定。尽管如此，许多科学家们仍然相信，如果3种原子力真的是一个

单一的统一场的不同表现形式的话，那么我们上面提到过的具有炼金术般魔力的超质量玻色子将会不时地从夸克中产生出来，造成夸克以及由夸克组成的质子发生退化。

乍一看，你会觉得这些物理学家们的脑子一定是出了什么问题，因为身体小小的夸克怎么可能产生出质量超过它们本身10 000 000 000 000 000倍的庞大的玻色子呢？你这样想也不无道理。但是有这样一条海森堡不确定法则，它认为你永远无法同时知道一个粒子的动量和位置，而该法则正好间接地允许这样一个听起来荒谬绝伦的推断存在。因此，一个庞大的玻色子从组成质子的小小夸克中闪现出来，存在非常短的一段时间，从而造成质子的退变，这并非没有可能。

谜团九：引力是什么

接下来就要说到万有引力的问题了。这种存在于小个的粒子之

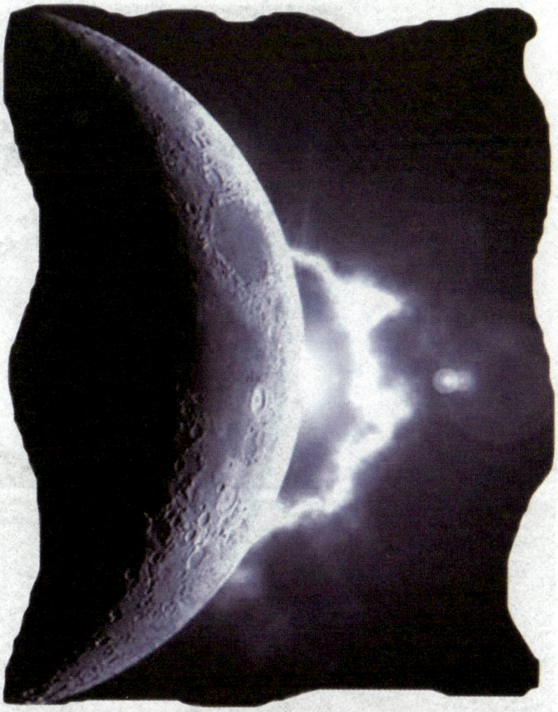

间的引力，同时也是将它们聚拢在一起的能量。当爱因斯坦将牛顿的理论加以改进之后，他将引力的概念予以延伸，考虑的对象也扩展到了极其巨大的引力场和以接近光速的速度运动的物体。这些延伸所引出的就是著名的相对论和时间空间的概念。但是，爱因斯坦的理论并没有关注到量子力学这片极其微小物体的领地，因为万有引力在极小的规模上是可以忽略的，而不同于将原子聚拢在一起离散的小块能量的是，离散的小块引力在试验中从未被观察到。

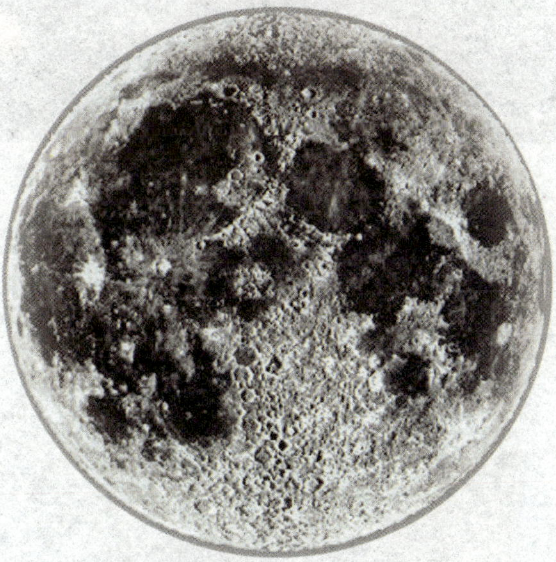

尽管如此，自然界中仍然存在着一些极端的条件，能够让引力和微小的物质发生亲密的关系。例如，在黑洞的心脏附近，大量的物质都被挤压到量子空间之内，在极小的距

◆ 地球与月亮合影

◆ 星系

离上，引力变得非常强大。同样的情况，在宇宙大爆炸前后密集的原始宇宙中也是必定会出现的。

物理学家斯蒂芬·霍金发现了黑洞的一个特别问题，我们需要将量子力学和万有引力结合在一起，然后才能够就任何东西得到一个统一理论。霍金认为，任何东西，即便是光也无法从黑洞中逃出的断言严格来讲并不正确，因为黑洞周边的确在辐射微弱的热能。根据他的理论，这种能量是黑洞附近的真空的粒子一反粒子配对实体化时所产生的。在粒子和反粒子这对冤家再度重新结合并互相毁灭之前，距离黑洞较近的粒子就被吸入了黑洞，而距离稍远的那个则以热量形式逃逸出来。这种热量的释放与先前被吸入黑洞的物质和能量状态没有任何明显的联系，这就违背了一条量子理论的定律，该定律规定，任何事件都必须能够追溯到先前的事件。要解释这个问题，就需要新的理论。

◆ 月球正面

谜团十：另外一度是否存在

在对引力真正性质的探索中，人们终究要思考这个问题：在我们能够轻易观察到的四度空间之上还会不会有其他一度呢？

为了作出解答，我们首先要知道，自然界是不是实际上患了精神分裂症？我们是不是应当接受这样的理论，那就是有两种作用于不同范畴的力作用于大的范畴，如星系之上的万有引力，以及作用于微小原子世界的其他3种力呢？统一场论的支持者们说，这是一派胡言，必然有某种方式能够让3种原子范畴的力和万有引力联系起来。或许是这样，但是联系起来谈何容易。

◆ 月球正面

◆ 月球爆炸

◆ 月球曾向地球偷能量——潮汐

首先，万有引力是不成对的。爱因斯坦的广义相对论认为，万有引力与其说是力，还不如说是空间和时间的一种内在特性。依此道理，地球围绕着太阳旋转，并非是由于万有引力的吸引作用，而是因为它陷入了一个由太阳引起的时间—空间的漩涡里，从而像一个大碗中快速旋转的一粒石子般在这个旋涡里旋转起来。其次，就我们所能探测到的引力而言，它是一种持续的现象，而自然界的其他各

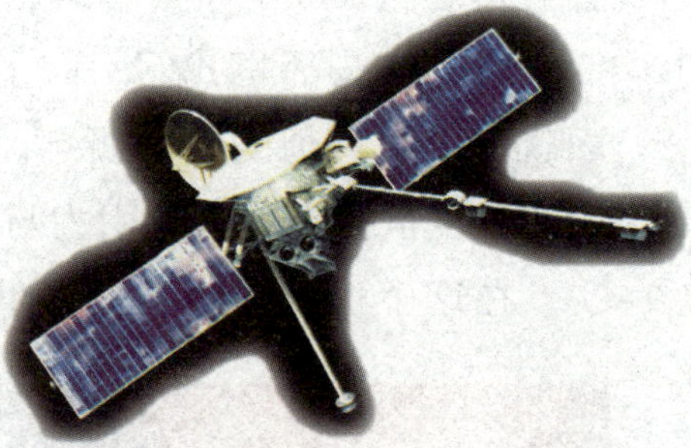

种力则是以分立的小片形式出现的。

所有这些都将我们引向了线理论者们和他们对引力的解释，那里面就提出了其他的度的概念。具有独创性的线理论宇宙模型在一个复杂的11度世界中将万有引力与其他3种力组合在一起。

在这个世界——也就是我们的世界中——这些度中的7个都在小

到我们无法注意到的区域内自我包裹着。让你的思考方式绕过这些额外的度的一种方式，就是在头脑中想象出一个蜘蛛网中一根蛛丝的形状。对肉眼来说，这根细丝看上去像是一度的，但是在影像被高度放大时，就不难分辨出它是一个宽度、长度和深度都非常可观的物体。线理论者们认为，我们之所以看不到额外

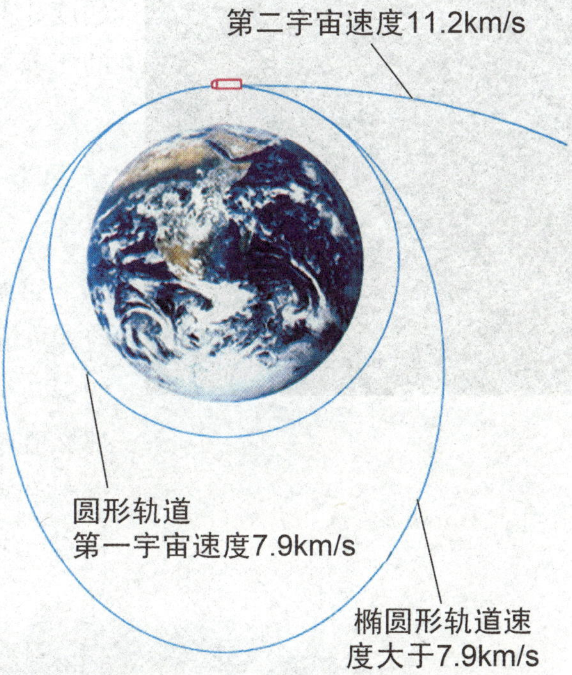

的度，是因为我们缺乏足够强有力的工具去分辨它们。

谜团十一：宇宙是如何开始的

如果自然界的四种力真的是一股单一的力，并且在低于数百万度的温度之下呈现不同的状态的话，那么在宇宙大爆炸时期难以想象的火热和密集的宇宙之中，必然会存在过一块地方，在这里万有引力、

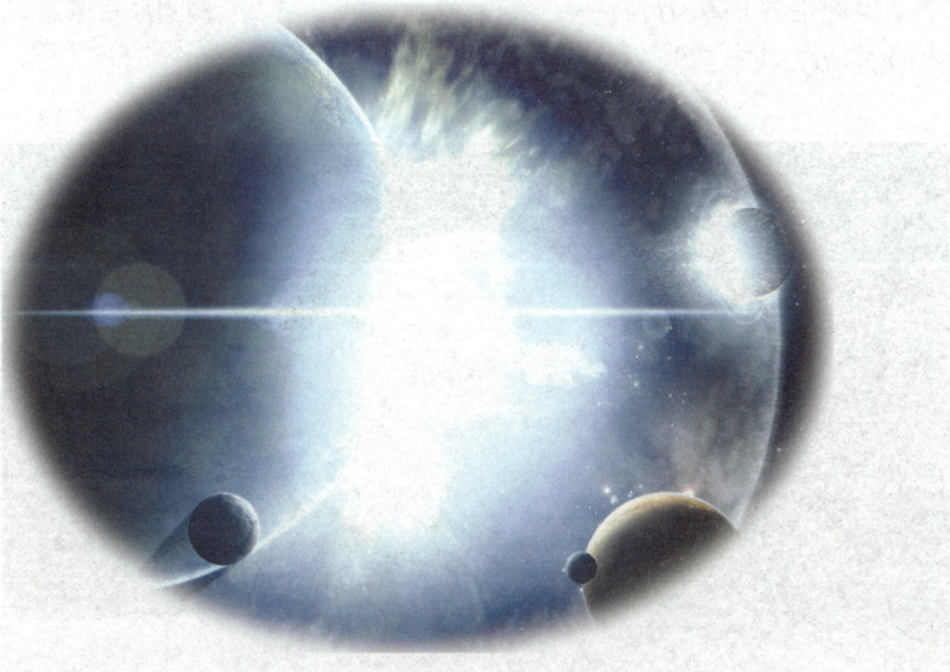

◆ 高温和高密度下是否存在物质的新状态——夸克

强力、粒子和反粒子之间的区别变得毫无意义。爱因斯坦的关于物质和时间—空间的理论由于依存于我们较为熟悉的基准之上，还无法解释是什么东西使得火热的极微小的原始宇宙膨胀到如今我们所看到的样子。我们甚至还不知道宇宙是否充满了物质。

根据现行的物理概念，早期宇宙中的能量应当混合生成了相等数量的物质和反物质，它们随后本来应该彼此毁灭的，但是某种神秘而非常有用的机理让天平向物质一方

倾斜，从而留下了足够的物质而形成了布满恒星的星系。

幸运的是，原始的宇宙给我们留下了几条线索。其一就是宇宙微波背景辐射，它是大爆炸的余烬。几十年来，每当天文学家们观察宇宙的边缘时，他们所测量到的这种微弱的辐射的强弱都是相同的，于是天文学家们相信，这种一致性意味着宇宙大爆炸以空间—时间的扩张开始，而其展开的

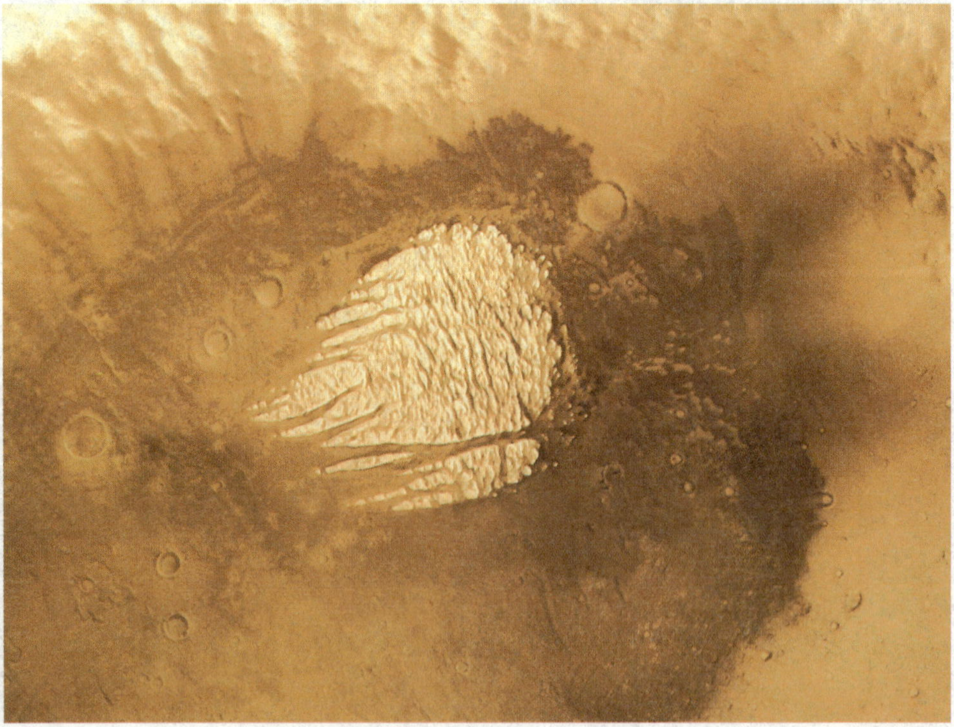

速度比光速还快。

但是，近期的仔细观测则表明，宇宙背景辐射并不是完全均匀的。在受到规律的扰动时，一小块空间与另外一小块空间的辐射还有着极细微的差别。会不会是早期宇宙中密度上随机的量子波动留下了这个印记呢？非常有可能。做出这个回答的，是芝加哥大学天体物理学学部的主席，同时也是提出这是一个基本问题的委员会的主席麦克尔·特纳。特纳

和其他许多宇宙学家如今都确信，宇宙的团块——也就是其中点缀着星系和银河星团的广大的空旷区域——或许就是原始的、亚原子大小的宇宙的量子波动经过极大的放大后的样子。

正是这种无限大和无限小相结合，让量子物理学家和天文学家闲谈时走到了一起，在不久的将来，他们必定能对以上的11个谜团作出解答。

三、宇宙中的其他神秘星体

火星运河之谜

运河是人工开凿的河道。如果承认火星上有运河，就等于承认火星上有智慧生命存在，这无疑是一个激发人们兴趣的问题。

最早指出火星上有运河的，是意大利天文学家斯基阿帕雷利。他发现在火星的圆面上有些模糊不清的直线条，这些暗线把一个个暗斑连接了起来。他经过继续观察又发现，有的暗线宽达120千米，长4800千米，纵横交错，形成覆盖火星大陆的网络。

洛韦尔被斯基阿帕雷利的发现迷住了。经

◆ 火星运河

过观测，他也发现了几百条新的河道。他认为，这些水道是为了灌溉农田而修建。暗斑则是绿洲。

但美国的巴纳德则认为，火星上的暗线根本就不是直的，很不规则，并且是断开的。希腊的安东尼阿迪通过自己的观测，支持了巴纳德的观点。他认为把火星上的暗线条说成是运河，纯粹是眼睛的错觉，“属于想象力过于丰富的人。”

由于上述观点的出现，关于火星人的神话逐渐冷淡下来，美国的“水手9号”探测器则进一步证

明了火星运河的存在是虚假的。不过“水手9号”却有了意外的发现，那就是火星上有许多类似河床的地质构造，其位置与洛韦尔描绘的大相径庭。

有人把火星上的河床分成3类，即经流河床、流出河床与侵蚀河床。它们与地球上的河床极为相似。科学家们分析，这大概是因为在很久很久以前，火星上曾经有过温暖的气候，它的上空有大气层，有降水量，保证了河流的存在。

火星神秘人脸之谜

在太阳系所有的行星中，最引人注目的要属火星了。这颗行星体积比地球略小，而且也有一层大气。

20世纪60年代，人们终于发现，所谓“火星运河”原来不过是一些环形山和陨石坑的偶然排列。从现已查明的火星环境来看，它是个荒芜的沙漠，无液态水，大气稀薄，温度又低，因而存在生命的可能性很小。不料1976年7月，在美国发射的火星探测器“海盗1号”传回地球的照片中，人们再次发现了令人惊异的情况。有一张照片上，出现了一个类似人脸的巨大建筑。

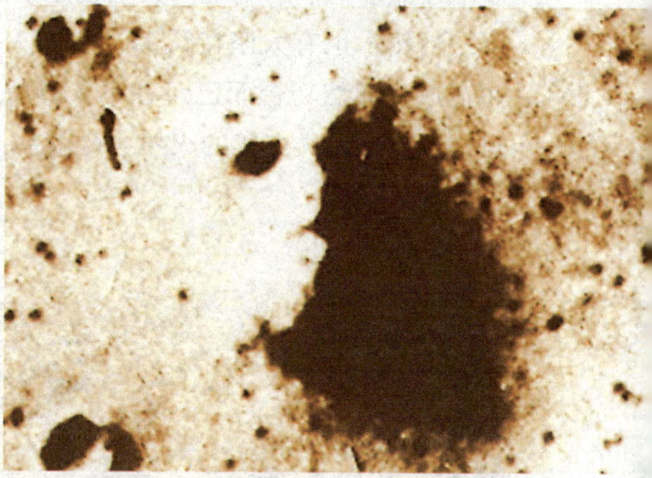

◆ 火星人脸

消息传出，举世皆惊。有些人认为，在古代的火星上，生存过与人类相似的有智慧的生物，这些建筑是他们建造

的。但是，如果一种智慧生物在5亿年前就达到现在地球人的智慧，那么他们是不会轻易灭亡的。可是现在这些“火星人”到哪里去了呢？这是持“火星人说”的人难以回答的问题。于是另一些人就认为火星本身并没有智慧生物，这个建筑也不是由火星人，而是由外星系具有高等智慧的生物所建。这些外星系智慧生物来到太阳系后，在一些行星上建立了他们的基地。火星就是他们的基地之一。

当然，也有人坚持认为，所谓火星人脸建筑，不过是一些山丘投影造成的偶然巧合而已。在不久的将来，人类将登上火星。到那时，也许困扰了人类多年的火星之谜就会揭晓了。

天狼星之谜

尼日尔河是非洲西部的大河之一，它流过马里共和国时拐了个大弯。在河湾处，居住着一个名叫多贡族的黑人土著民族，他们以耕种和游牧为生，生活艰难贫苦，大多数人还居住在山洞里。他们没有文字，只凭口授来传述知识。看上去同西非其他土著民没有什么两样。

多贡人把天狼伴星叫做“朴托鲁”。在他们的语言中，“朴”指细小的种子，“托鲁”指星。他们还说这是一颗“最重的星”，而且是白色的。这就是说，他们已正确地说明了这颗星的3种基本特性：小、重、白。实际上，天狼伴星正是一颗白矮星。

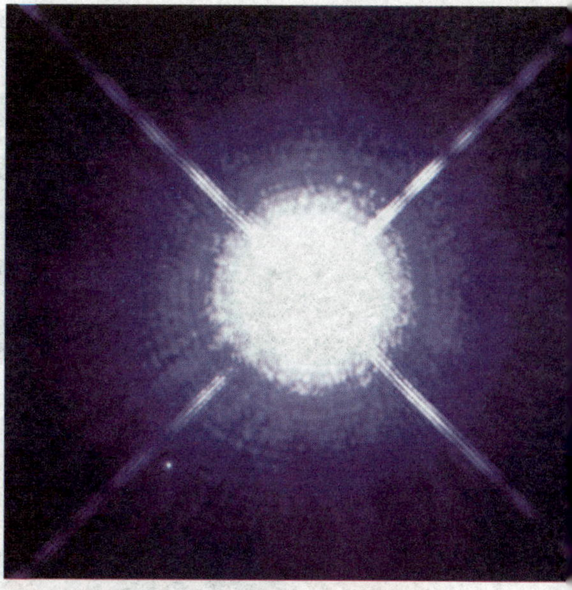

◆ 天狼星

不仅如此，多贡人还在沙上准确地画出了天狼伴星绕天狼星运行的椭圆形轨迹，与天文学的精确绘图极为相似。多贡人说，天狼伴星轨道周期为50年(实际正确数字为

◆ 白矮星旋转

◆ 探测船

◆ 天狼星和他的伴星们

50±0.4～0.9年)，其本身绕自转轴自转。

而天文学家最早猜测到天狼伴星的存在是在1844年。直到1928年人们才认识到它是一颗体积很小、密度却极大的白矮星。1970年才拍下了这颗星的第一幅照片。

据多贡人说，他们的天文学知识是在古代时，由天狼星系的智慧生物到地球上来传授给他们的。他们称这种生物为“诺母”。在多贡人的传说中，“诺母”是从多贡人现今的故乡东北方某处来到地球的。他们所乘的飞行器盘旋下降，发出巨大的响声并掀起大风，降落后在地面上划出深痕。“诺母”的外貌像鱼又像人，是一种两栖生物，只能在水中生活。在多贡人的图画和舞蹈中，都保留着有关“诺母”的传说。

◆ 月球土壤

神秘的水星之谜

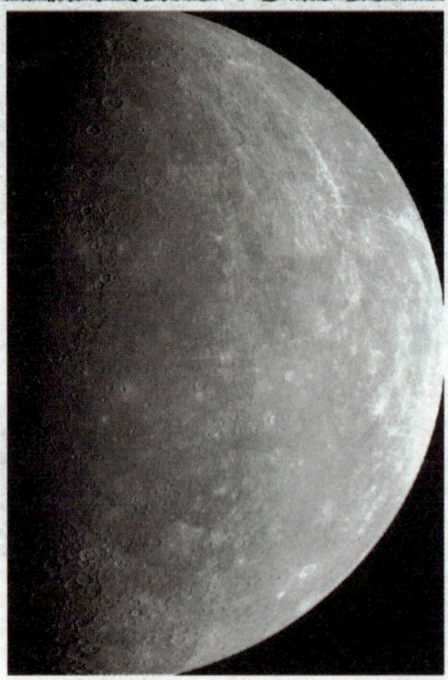

◆ 水星

水星是太阳系中第二小的行星，是最靠近太阳的行星，距太阳只有5800万千米。

美国曾在1974年和1975年分3次向水星发射“水手10号”太空船。“水手10号”掠过水星，但仅对半个水星球体进行了探测。水星探测器被称做“使者号”，它将从2009年4月开始绕水星运行1年。

根据“水手10号”拍摄回来的照片，科学家认为，水星是太阳系中密度最大的星体，它主要由金属铁组成。照片还表明，水星是一个不适合人类居住的星球，它的表面与月球类似，布满直径为几千米的陨星坑。

研究人员通过研究发现水星是太阳系中唯一一颗整个球体都遍布磁场的星体。更奇怪的是，尽管水星表面的温度高达摄氏400多度，而水星极地的陨星坑里却存在着看起来像冰的物质。

“使者号”将经受高温的考验，因为水星上的太阳光比地球上的太阳光强约11倍。为此，“使者号”上的设备都安装了隔热屏，隔热屏所使用的材料和太空船船体隔热层的材料相同。

科学家杰伊·博哥斯特尔说：“‘使者号’探测行动是我们尝试的最复杂、最具挑战性的‘发现者规划’系列探测行动之一。我们的目标是以相对较低的耗资，完成绕这颗星体运行1年的计划。”

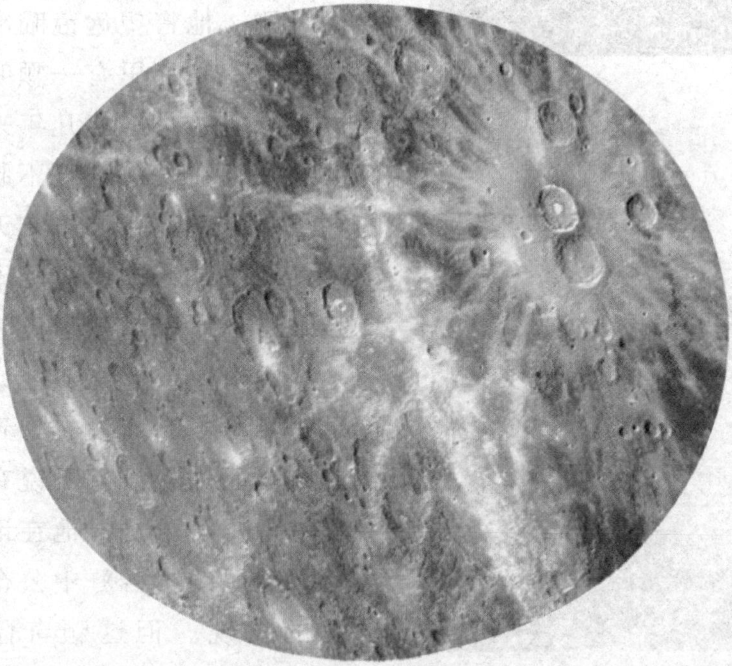

天王星之谜

◆ 天王星

造就英雄之谜

天王星是太阳系的第七颗大行星，是德国天文学家赫歇尔发现的。

1781年3月的一天夜晚，43岁的赫歇尔又一次操纵着他自己制作的望远镜，开始进行天文观测。他将望远镜瞄准熟悉的星空，在那里有一颗明亮而带暗绿色的小星。几年来，赫歇尔一直在关注这颗不起眼的小星。由于这颗小星在天空中极其缓慢地移动，而且不会“眨眼”，所以赫歇尔认为它不是一颗恒星。起先，他认为这是一颗彗星，而没有想到它是行星，因为从没有听说有人发现过行星。于是，他在论文《一颗彗星的报告》中公布了自己的发现。但这颗奇怪的

“彗星”却没有尾巴，轨道也与彗星的不同。经过其他天文学家的继续观测、计算，终于认识到这不是彗星而是行星，并得出它与太阳的距离为19个天文单位。由于历史上从未有过行星发现者的记录，因此这一发现成了举世之作。

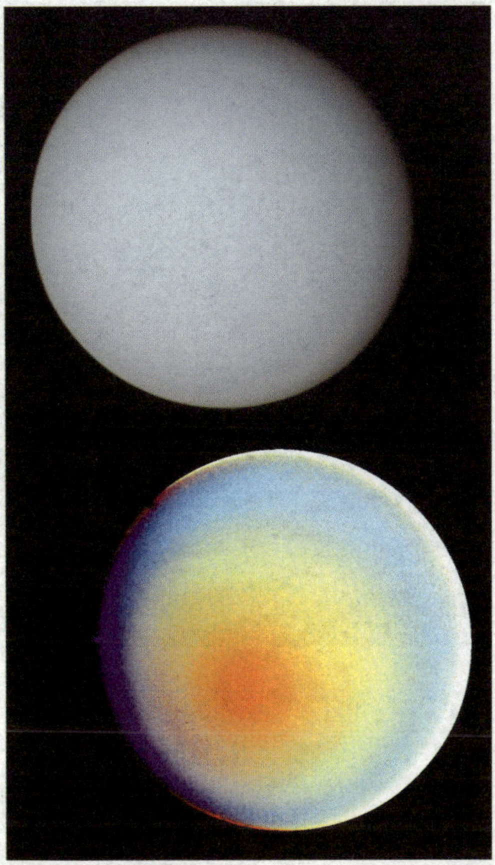

后来，人们用希腊神话中的人物之名把这颗新发现的行星命名为乌拉诺斯。木星和土星也是用希腊神话中的宙斯和克拉诺斯命名的，天王星远在木星和土星之外，当之无愧地取得了“乌拉诺斯”的称号，这也就是中文译名“天王星”的来历。天王星一时成了至高无上的星星，后来随着海王星和冥王星的发现，才使这位“天王”的地位逐渐丧失。

◆ 天王星环

躺着自转之谜

天王星与太阳的距离是地球的19倍，每84个地球年才绕太阳1周。从被发现到今天，它

绕太阳只转了约2周半。天王星的质量是地球的15倍，但体积比地球大得多，约是地球的4倍，所以1个100千克重的人在天王星上只会有91千克重。

天王星与后来发现的海王星在大小、质量、外表颜色上都差不多，它们就像一对姐妹星。从外表看，天王星呈蓝绿色，这是它大气内的甲烷和乙炔吸收太阳光中的红光的结果。由于外表缺乏特征，因而有人将天王星比做桌球台上的“母球”。它最外的一层是大气层，表面覆盖着很厚的云层，其面积与地球上的大陆差不多。大气层以下是液态氢层和由固态水、氨和甲烷造成的冰幔层。天王星可能有个由熔岩与金属组成的核心，直径约17 000千米，温度估计为7000℃。

天王星的最特别之处是它的自转，它几乎是躺着转动的，在近日点自转轴几乎对着太阳，而其他行星（除了金星、冥王星倒着转以外）的自转轴都是几乎垂直于公转轨道面的，倾斜角度不超过30°。

奇特的自转方式造成了天王星上特殊的昼夜交替和季节。如果你能长时间身处天王星的北半球，你首先将度过只有白天、没有夜晚的长达21年的夏天，接着的21年有正常的昼夜交替，那是天王星的秋季，然后将度过连续21年只有黑夜、没有白天的冬天，最后是21年有正常昼夜交替的春天。一个寿命为84岁的地球人，在天王星上一生只有一个春夏秋冬。对地球来说，春天是最美好的季节，冰雪融化，柳绿花红；而天王星的春天却是最可怕的季节，

飓风是进入春天的标志。春天的到来使在21年黑暗冬季里冰冻的天王星大气得以解冻，并形成飓风，温度达-150℃的飓风以每小时500千米的速度移动，横扫数千千米。1999年，哈勃太空望远镜第一次观测到了这种可怕的飓风。目前，天王星正处在可怕的春季。

奇特的自转方式还形成了奇特的磁场。1986年，“旅行者2号”飞船在飞近天王星时发现，天王星的磁场尾部被绞成麻花状，好像开启软木塞的螺丝钻。

天王星为什么会躺着自转？这至今还是一个谜。现在多数人认为，在它刚形成后不久，有个地球般大小的星球与它发生了碰撞，将它“撞翻在地”，从此天王星就横躺着自转了。

"伯利恒星"之谜

当圣诞的歌声响起之时，所有的圣诞树顶都亮起了一颗星，这颗星代表着什么呢？因为圣诞节是庆祝耶稣诞生的，所以这颗星就以耶稣的诞生地而被命名为"伯利恒星"。

有人认为伯利恒星就是金星。圣诞卡上最有代表性的构图，是东方博士骑着骆驼仰望着远方的明星，那颗大而亮的星最容易让人联想到傍晚的明星——金星。但是金星每隔不到两年，就会出现在相同的位置，古人应该知道这不是特异现象。也有人认为伯利恒星可能是流星。的确，流星具备那种瞬间即逝的特性，而且非常明亮，但是，流星最短时仅持续1秒，很难想象它是给博士指路而持续可见的伯利恒星。

◆ 耶稣诞生

意大利画家乔托所画的

“三博士礼拜”的背景，在耶稣诞生的畜棚屋顶上，有一颗拖着红色尾巴的彗星。该画绘于1305年左右，在此之前的1302年，哈雷彗星曾出现过。乔托画的星可能源自对哈雷彗星的记忆。以行星运动律闻名的开普勒曾认为是超新星的出现造就了伯利恒星。超新星、新星是星球发生大爆炸而突然发亮的现象。当时的天文学家认为，超新星大约以300年的周期增光1次，经计算，耶稣诞生恰逢超新星增光期。

但是根据现代天文学的推测，超新星并不会增光。因此开普勒的伯利恒星是超新星之说也就不能成立。之后，有人提出，伯利恒星是双星，是木星和土星的会合。会合指的是天体于南北方向接近并列。这种并列在1年之内连续发生3次，称“三连会合”。这种会合，59年才发生1次，而且离地球最近，会合时看起来很亮，且相当明显。开普勒自1603年观测到木星与土星的会合后开始思索、计算，结果发现，木星与土星的3连会合曾发生于公元前7年的5、10、12月，出现在双鱼座。这与最早和后来定下的耶稣的诞生日5月和12月相吻合，而且与耶稣实际诞生于公元前7年吻合。因为马太福音上所载的东方博士是看到新星升起后，于公元前7年去巴勒斯坦看望耶稣的。

近年来，剑桥大学的天文学家哈弗瑞兹综合了上述各家的说法，提出：马太福音上的东方博士于公元前7年看到木星与土星的3连会合，认为巴勒斯坦可能发生了大事而留意，翌年竟发现木星、土星、火星聚集在一点。加

上公元前5年的春天，摩羯座出现陌生的星星，东方博士下决心启程前往巴勒斯坦一看究竟。马太福音中的耶稣诞生的故事带有明显的占星术的色彩。但是公元前7年—5年，天空中出现过一颗明亮的新星应当是真的。

如果伯利恒星是前面所提到的几种天文现象的话，那么在耶稣诞生之前，这些天文现象就已经存在了。但在东方博士说起之前，并没有人知道伯利恒星。看来长期对伯利恒星之谜的争论还将继续下去。

四、月球和太阳之谜

月球形成之谜

有关月球起源的说法有3种：

第一个假说是月球和地球一样，都是在46亿年前由相同的宇宙尘云和气体凝聚而成的。

第二个假说是月球系由地球抛离出去的，抛出点后来形成了太平洋。

第三个假说是月球是宇宙中个别形成的星体，行经地球附近时被地球重力场捕获，从而环绕地球旋转。

◆ 月球

后来科学家从月球取回土壤，经过研究发现月球的成分和地球的大不相同，所以前两种假设被排除。只剩第三种说法了，如果是其他地方飞来的星体，飞进太阳系后，太阳引力比地球引力大很多，照理讲月球应该受到太阳的引力而飞向太阳，不是受到地球的引力留在地球上空的。

这三种“正统科学家”提出的假说，没有一项能解答所有疑问，也没有一项禁得起严格的质问。而现在，关于月球形成的最重要的学说认为，月球是在大约45亿年前，由于一颗大小近似火星的星体强烈碰撞并划过地球形成的。当时的碰撞形成的大量熔化的岩石碎片和尘埃被甩到地球周围轨道之内，经过一段时间的相互碰撞和聚集而形成了今天的月球。

事实上，时至今日，“月球来自何处”仍是天文学未定之论。因此任何人都可以提出自己对月球起源的看法，不管有多离奇，他人是不能用任何“不科学”的字眼来评判的。

日月与地球之间的奇妙现象

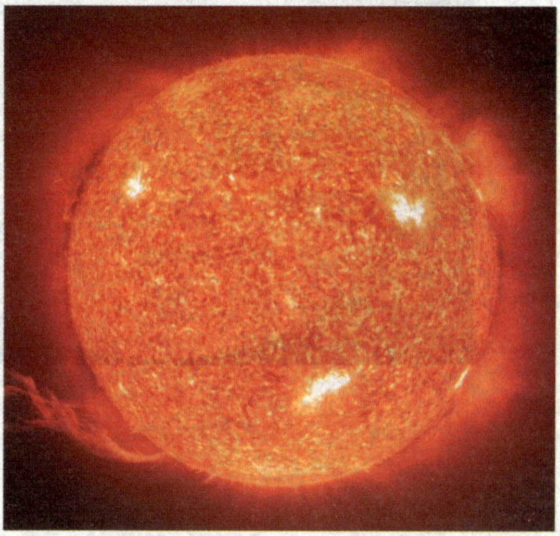

月球离地球平均距离约为38万千米。太阳离地球平均距离约为15 000万千米。两者相除，我们得到太阳到地球的距离约为月球到地球的395倍远。太阳直径约为138万千米，月球直径约为3400多千米，两者相除，太阳直径约为月球的395倍大。395倍，多么巧合的数字，它告诉了我们什么信息？

大家想想看，太阳直径是月球的395倍大，但是太阳却离地球有395倍远，那么，由于距离抵消了大小，这两个天体在地球上空看起来，它们的圆面就变得一样大了！这个现象是自然界产生的，或是人为的？宇宙中哪有如此巧合的天体？

从地面上看过去，两个

约略同大的天体，一个管白天，一个管夜晚，太阳系中，还没有第二个案例。著名科学家艾西莫夫曾说过："从各种资料和法则来衡量，月球不应该出现在那里。"他又说："月球正好大到能造成日食，小到仍能让人看到日冕，在天文学上找不出理由解释此种现象，这真是巧合中的巧合！"

难道只是巧合吗？有些科学家并不这样认为。科学家谢顿说："要使太空船在轨道上运行，必须以每小时18 000千米的速度在50千米的太空中飞行才行。同理，月球要留在现有的轨道上，与地球引力取得平衡，也需有精确的速度、重量和高度才行。"问题是：这样的条件不是自然天成能够做得到的，那么，这里面究竟藏着怎样的奥秘？

作为卫星它太大了

太阳系若干行星拥有卫星，这是自然现象，但是我们的月球却有一个“不自然”的大小，也就是说作为一个卫星，它的体积和母亲行星相比实在是太大了。我们来看看下列数据：

地球直径12 756千米，卫星月球直径3467千米，是地球的27%。

火星直径6787千米，有2个卫星，大的一个直径23千米，是火星的0.34%。

木星直径142 800千米，有13个卫星，最大的一个直径5000千米，是木星的3.5%。

土星直径120 000千米，有23个卫星，最大的一个直径4500千米，是土星的3.75%。

看一看其他行星的卫星，其直径都没有超过其母星的5%，但是我们的月球却大到27%。这样比较之后，我们是不是发现月球实在“大得不自然”了。这个资料又在告诉我们，月球的确不寻常。

◆ 卫星

不可能存在的金属

月球陨石坑有极多的熔岩，这不奇怪，奇怪的是这些熔岩含有大量的地球上极稀有的金属元素，如钛、铬、钇等。这些金属都很坚硬、耐高温、抗腐蚀。科学家估计，要熔化这些金属元素，至少得在两三千度以上的高温，

可是月球是太空中一颗“死寂的冷星球”，起码30亿年以来就没有火山活动，因此月球上如何产生如此多需要高温的金属元素呢？科学家在分析太空人带回来的380千克月球土壤

◆ 南极臭氧空洞

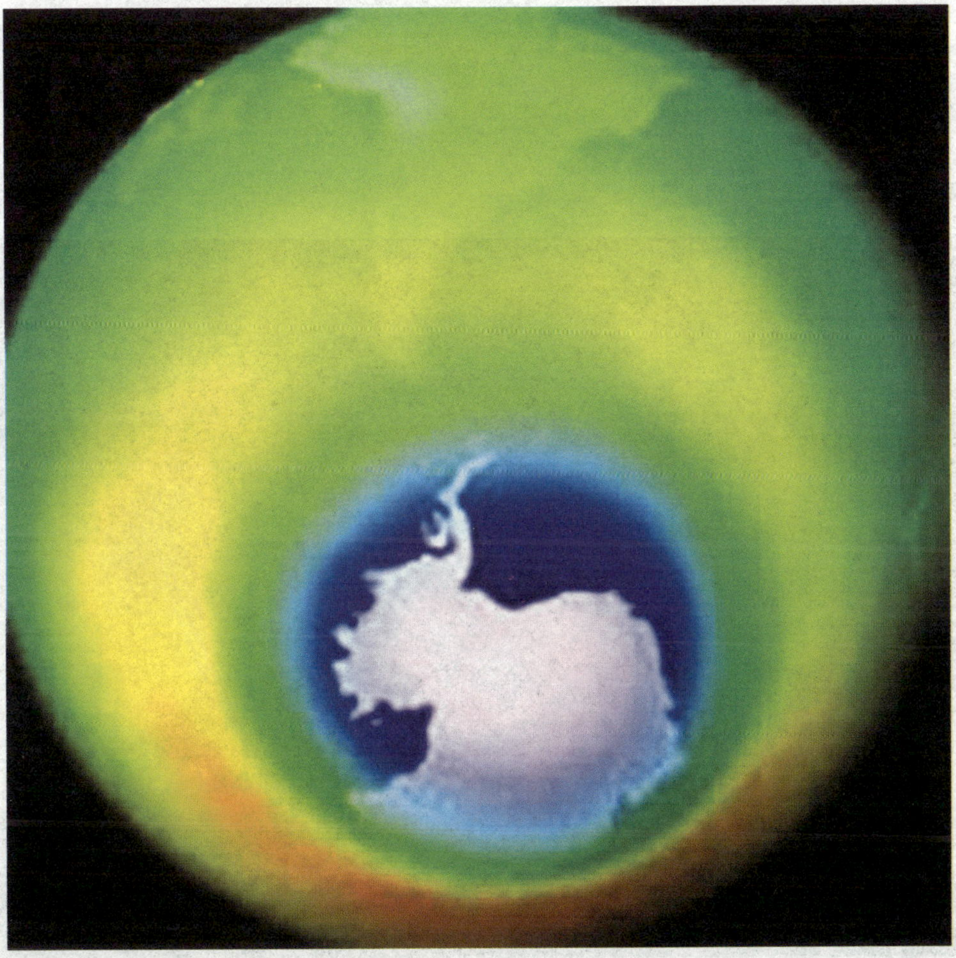

样品后，发现其中竟含有纯铁和纯钛，这是自然界不会有的纯金属矿。

这些无法解释的事实表明了什么？表明这些金属不是自然形成的，而是人为提炼的。那么问题就来了，是谁在什么时候提炼的这些金属呢？

◆ 暗能量

月面上的不明飞行物

1969年7月19日，“太阳神11号”太空船载着3位太空人奔向月球，他们将成为第一批踏上月球的地球人，但是在奔月途中，太空人看到前方有个不寻常的物体，起初以为是“太阳神4号”火箭推进器，距他们有约9656千米远。太空人用双筒望远镜看，那个物体呈“L”状，阿姆斯特朗说：“它像个打开的手提箱。”再用六分仪去看，又像个圆筒。另一位太空人艾德林说：“我们也看到数个小物体掠过，当时有点儿振动。然后，又看到比较亮的物体掠过。”

7月21日，当艾德林进入登月小艇做最后的系统检查时，突然出现两个UFO，其中一个较大且亮，速度极快，从前方平行飞过后就消失，数秒钟后又出现，此时两个物体中间

◆ 不明飞行物

射出光束互相连接，又突然分开，以极快的速度上升消失。

1969年11月20日，“太阳神12号”太空人康拉德和比安登陆月球，发现UFO。

1971年8月，“太阳神15号”，1972年4月“太阳神16号”，1972年12月“太阳神17号”等的太空人也都在登陆月球时见到过UFO。

1979年，美国太空总署前任通讯部主任莫里士·查特连表示，“与UFO相遇”在这里是一件平常的事，并说：“所有太空船都曾在一定距离或极近距离内被UFO跟踪过，每当一发现情况，太空人便和任务中心通话。”

数以千计的月球神秘现象，如神秘闪光、白云、黑云、结构物、幽浮等，全都是天文学家和科学家共睹的事实，但这些现象一直未有合理解释，到底是为什么？

空心的太空船月球

1970年，俄国科学家柴巴可夫和米凯威新提出一个令人震惊的“太空船月球”理论来解释月球起源。

他们认为，月球事实上不是地球的自然卫星，而是一颗经过某种智慧生物改造的星体，且加以挖掘改造成太空船，其内部载有许多该文明的资料。月球是被有意地置放在地球上空，因此所有的月球神秘发现，全是至今仍生活在月球内部的高等生物的杰作。

这个说法被科学界嗤之以鼻，因为科

学界还没有找到高等智慧的外星人。但不容否认的是，有许多资料显示月球的确是“空心”的。

最令科学家不解的是，登月太空人放置在月球表面的不少仪器，其中有“月震仪”，专用来测量月球的地壳震动状况。结果，发现震波只是从震中向月球表层四周扩散出去，而没有向月球内部扩散的波，这个事实显示月球内部是空心的，只有一层月壳而已！因为，月球若是实心的，震波也应该朝内部扩散才对，怎么会只在月球表面扩散呢？

重新架构新月球理论

◆ 月球

人们可以来重新架构月球理论：月球是空心的，月壳分为两层，外壳是岩石及矿物层，由于陨石撞击月球后只能穿透这一层。已知陨坑的深度都不深，最深只有2千米，所以此层厚度最多2.5千米。月球内壳是坚硬的金属层，是一种地球人未知的合金。

月球只有两层月壳说明了月球就不是自然界的，它是人造的，造它的“人”经过精细计算，将月球从他们的星系运到太阳系来，摆在现在的位置，使地面上的人能在夜

间看到它，而且和太阳一样大。

“造月的人”让月球永远以一面向着地球，因为这一面有不少观察地球的设备。他们自己住在月球背面的内部，因为月球表面日夜温差太大，中午最热时是127℃，夜间最冷时是-183℃，不适合居住，所以他们都住在内部。

他们已发明出飞碟，经常飞出外面作些研究或修护仪器，并注意地球人的动向，有时被地球太空人看到，有时被地面上的望远镜观测到。“造月的人”是哪一种外星人？他们来此有多久了？我们目前都还不知道。也许不久，地球人就能知道月球的真相了。

月球六大秘闻

举世无双的迷幻摇滚乐队平克·弗洛依德曾经以专辑《月之阴暗面》轰动全球。而不久前，一些天文学家却公布了月球真正的暗面——关于月球的鲜为人知的事实同样让人震惊。

月球曾向地球偷能量

地球上的潮汐现象多数是由月球引起的。潮汐现象的秘密是这样的：由于月球绕着地球旋转，地球上的海洋受到月球的引力牵引作用，面对月球的那一面就出现高潮，这恐怕人人都知道。而与此同时，地球上远离月球的另一面也出现另一个高潮，这是因为月球对地球本身的引力牵引作用大于对其水体的作用，从而使另一面的海水向外“鼓”。

在满月和新月时，太阳、月球和地球都在一条线上，这时形成的

潮异乎寻常地大，我们称之为朔望大潮。而当月球在最初的和最后的四分之一月牙时，较小的小潮就形成了。月球以29.5天的周期环绕地球的轨道并不是一个规则的圆形，当月亮到达离地球最近处时，朔望大潮就比平时还要大，这时的大潮被称为近点朔望大潮。

所有这些牵引现象还产生了另外一个有趣的作用：通过牵引，地球的自转能量被月球一点点地“偷”走了，因此每一百年我们的地球自转周期就要减慢1.5毫秒。

月球每年都在逃离

当你读着这篇文章时，月球正在悄悄地从地球身边溜走。每一年，月球都从地球上吸取一点自转能量，并利用这能量来使自己在轨道上向外偏离3.8厘米。天文学家告诉我们，当月球形成的时候，它与地球的距离仅仅是22 530千米，而现在的距离已经拉大到了450 000千米，而且随着时间的推移，月球会走得越来越远。

◆ 月球上的环形山

月球是鸡蛋形的

月球并不是圆的(或者说球形的)。它的形状更像是个鸡蛋。当你在夜空中举头望月时，它那鸡蛋形的两个尖端之一就正对着你。另外，月球的质量中心并不在其几何中心，它偏离中心大约有两千米。

还有一个月球叫“克鲁特尼”

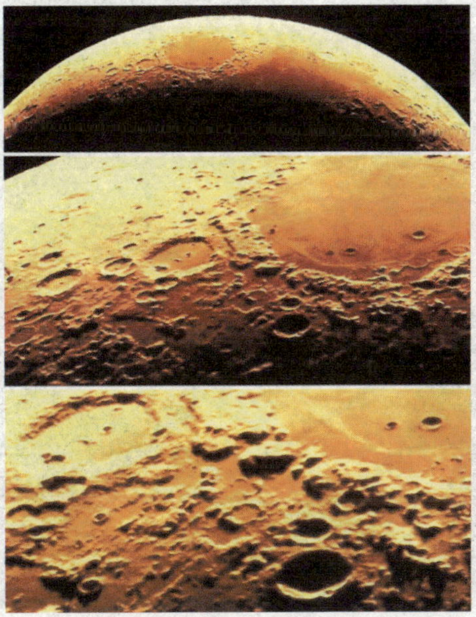

月球是地球唯一的天然卫星，对吗？或许不是这样的。1999年，科学家们发现了处在地球引力控制范围内的另外一颗小行星，其宽度为8千米，它成了地球的另一颗卫星。

这颗小行星被称为“克鲁特尼”。它沿着一条马蹄形的轨道运行，绕地球一周大约要花770年的时间。科学家们认为，它在地

球的上方悬吊的状态还能够保持至少5000年。

环形山未受侵蚀

月球上坑坑洼洼的表面是在距今38亿~41亿年前受到宇宙中岩石的强烈撞击而形成的。

这一通强烈的岩石冲击远远胜过拳击沙袋所承受的频频打击，留给月球的是遍体的坑洞，我们称之为环形山。但是这些环形山并没有受到多大的侵蚀，这主要有两个原因：其一，月球的地质活动不太活跃，因此这里无法像地球上那样由地震、火山爆发和造山运动而形成千变万化的地形地貌；其二，由于月球几乎没有大气层，也就没有风和雨，因此表面侵蚀作用就很少发生。

我们总是见到同样的“月脸”

尽管地球和月球都在自转并且沿各自的轨道行进，但月球总以相同的一面对着地球。

很久以前，地球的引力作用使月球的自转逐渐减慢。当月球的自转周期慢到和它的轨道周期(也就是它绕地球一周的时间)相吻合时，这种引力作用达到了平衡，月球从此就以一面朝着地球了。太阳系其他行星周围的卫星也有着相似的特点。

月相又是怎样形成的呢？原来，当月球绕地球旋转时，它部分的时间处于我们和太阳之间，它被太阳照亮的那一半

远离我们，这时我们称之为新月。由此说来，根本就没有什么月球暗面一说，只是我们看不到它而已。

当月球转到轨道的另外一侧时，从地球上看去，它所反射的一小条太阳光就成了弯弯的月牙。而当月球来到正对太阳之处时，它在我们眼里就完全被照亮了，这就是满月。

太阳系六大谜

太阳系有九大行星，其中水星、金星、地球、火星及冥王星，是以岩石为主要成分的“地球型行星”；木星、土星、天王星及海王星，是大量气体包围的“木星型行星”。

◆ 太阳系

谜之一：水星是如何诞生的？有两种说法：一种说法是，由于水星最靠近太阳，科学家认为水星是在原始太阳系星云中的高温区域，由凝固的金属铁及其他富含物质的材料物质堆积而成；另一种说法是，水星是在巨大的原始行星互相碰撞的时候，由彼此的金属铁融合而成的。

谜之二：金星为什么灼热？根据探测船和雷达观测，金星是一个灼热的世界。地表温度高达450℃左右，是地球地表温度的30倍。因为金星靠近太阳，当太阳能量上升之后，金星上的水化为气体释出到大气中。这时，原本溶于海中的二氧化碳也积存于大气中，引发强烈的温室效应，导致地表温度暴增。

谜之三：木星为什么有大红斑？大红斑是逆时针旋转的高度压云形成的巨大旋涡。它之所以呈现红色，是因为云下层的磷化氢被搬运到上空，受到太阳紫外线照射而转化为磷的缘故。大红斑是如何形成的呢？目前科学家还不清楚。

谜之四：气体卫星为什么有环？木星、土星、天王星、海王星全部有环，各不相同。环的成因，有几种不同的说法，其中一种是：过去存在的卫星或彗星被行星

的潮汐力破坏，分裂成小碎片，有的碎片进入环绕行星公转的轨道，因而形成了环。

谜之五：冥王星以外有什么？ 1950年，天文学家欧特统计了当时已经观测到的周期彗星的轨道，结果发现绝大多数周期彗星都是从距离太阳几万A U(天文单位)的地方

◆ 金星

◆ 冥王星

全方位飞来的，可能有一个星球壳状包住太阳系的彗星巢。整个彗星巢，叫做“欧特云”。

谜之六：太阳系尽头在哪里？科学家说，太阳会喷出高能量带电粒子，称为“太阳风”。太阳风吹刮的范围一直达到冥王星轨道外面，形成一个巨大的磁气圈，叫做“日圈”。日圈外面有星际风在吹刮，但是太

◆ 海王星

阳风会保护太阳系不受星际风侵袭，并在交界处形成震波面。

至于日圈层顶距离太阳有多远、它的形状如何，“航海家1号”和“航海家2号”已分别飞到距离太阳66AU和51AU的地方，希望日后能够揭开太阳系最远端的面貌。

◆ 木星

◆ 土星

宇宙风暴之谜

太阳活动以11年为一循环，2000年太阳正处于活动高峰期。在活动高峰期，太阳的一些区域能量增加，太阳表层在某一时期突然向空间释放大量带电粒子，形成高速粒子流，科学家称之为“太阳风暴”，它是由美国“水手2号”探测器于1962年首次发现的。

太阳风暴从炽热憋闷的太阳身上逃逸出来，夹带着数量惊人的X射线、等离子电荷和巨大磁场，穿越几百万千米的空间路程，向着人类居住的地球扑来，与地球磁场发生撞击后产生地磁冲击波。它于2000年6月、7月连续两次袭击地球，造成人造卫星短路，使寻呼机、手机等靠卫星传播的无线电通讯、飞机

和船只的导航以及电力供应受到严重干扰，甚至使个别国家的金融服务陷入脱机状态，信用卡交易也被迫中断。

在太阳活动高峰期，1989年的太阳风暴曾使加拿大魁北克省和美国新泽西州的供电系统受到破坏，总体损失超过10亿美元。

它为何如此狂暴

科学家通过探测器的探测得知，太阳表面布满复杂的磁场线的环圈，这些磁场线的环圈似乎和太阳风暴的形成有很大的关系。

太阳的磁场每11年逆转一次，这个年限正是太阳活动高峰期和低峰期的周期，逆转时期正是环圈最活跃的时期，同时太阳风暴产生得也最多。太阳磁极逆转的时候就像整个星球由内向外翻，当新结构在太阳表面下形成时，似乎环圈向外释放了大量的能量，于是磁能量在太阳表面引发了太阳风暴。

太阳风暴夹带着大量的磁力向太空喷涌而去，其中大部分都不为人知地消逝在空中，不会产生什么重大影响，只有其中少数的几个能最终到达地球。

在新疆可看到极光

◆ 新疆风景

人们一谈起太阳风暴就难免想起辐射、安全等让人头疼的问题，其实太阳风暴也有它独具魅力的一面，那就是极地上美丽的极光。极光是由于太阳风暴撞击到地球的大气层上而引起的一种光学效应，这股带电粒子流激发空气中的氧原子和氮原子，以红、绿和蓝色释放出宇宙能量，形成了神秘而又扑朔迷离的极光，照亮极地的天空。

但是当极地以外的地区发现极光时往往不是什么好的现象，因为它表示带电粒子流的能量非常强，已经突破了地球的电离层，经常是有破坏性的太阳风暴来临的征兆。由于2000年是太阳活动的高峰年，

太阳风暴频频光顾，因此在非极地地区的美国的阿拉斯加、德国中部和南部地区、瑞典的斯德哥尔摩以及我国的新疆等地都见到了难得一见的极光的踪影。

太阳风暴能否补天

大气层中的臭氧是地球生物的“保护伞”，能抵御来自太阳的有害辐射，主要分布在距地面20～30千米的大气中。臭氧的产生主要是依赖于紫外线的照射。具体的过程是，在赤道地区平流层的高层，由波长小于242纳米的太阳紫外线击碎氧分子，使之分裂成两个氧原子，每个氧原子再和另一个氧分子结合，形成了由三个氧原子构成的臭氧。

近年来，随着人类大量消耗臭氧层物质，导致大气层中臭氧含量逐年减少。据中科院臭氧研究专家介绍，

太阳风暴携带的大量紫外线，大部分在高空被吸收了，实际到达臭氧层的紫外线强度并没有明显的增加。如果带电粒子流能量太强的话则有可能到达臭氧层，从而对臭氧层造成破坏。但一般而言，太阳风暴不会对臭氧层造成太大的破坏。

地球有副太阳镜

太阳风暴包含有3类射线：一类是X射线、无线电，它们以光速飞向地球，但通常都在高空中被电离层吸收；第二类是高能带电粒子和质子，它们达到

地球一般需要20多个小时，但只从两极侵入地面，中国绝大多数地区不受影响；第三类为等粒子，影响短波通讯，但这些粒子大部分也在高空被吸收。

太阳风暴发生时，真正能倾泻到人们身上的紫外线、红外线、可见光与平时没有多大区别，仅仅相当于平时在户外多待几分钟至几十分钟。如果阳光斜射或阴天，则影响更小，因此不用担心在烈日下被灼伤。太阳风暴对地球100千米以上的空间扰动厉害。地球表层的电离层对地球起了保护膜的作用。专家认为，每11年出现一次的太阳活动高峰年不会对大多数人群造成明显伤害。

◆ 太阳风暴

太阳风暴未卜先知

随着人类迈入高科技的21世纪，对航天、通信等依赖性越来越大，而这些领域的地面和空间的技术系统对空间恶劣天气条件变化的适应性却是如此的脆弱。有鉴于此，世界范围的科学家正在实施各类空间天气计划，提高监测、研究和预测这种太阳风暴的能力。我们知道，太阳风暴如果发生大能量的冲击，很可能造成严重的后果，甚至比1989年魁北克事件更具破坏力。

由法国和芬兰科学家共同完成的一项研究发现，在太阳背对地球的一面，不断有太阳风生成。科学家通过对它的观察，确定了太阳主要热点所在的位置。这样，就可以容易地计算出两周以后，当太阳的这一面面向地球时，这些光束是否会射向地球。科学家们利用这个观察结果，研制成功了预报两周后太阳风暴的技术。

虽然我们对太阳风暴的预测预报水平正在逐步提高，但是要在准确的基础上进行全面的太空气象预报，正如专家所言，我们还有很长的路要走。

第十大行星之谜

◆ 行星

英美天文学家声称太阳系有第十颗行星，立时引来天文界的极大反响。

关于这颗行星的大小有不少争议。有人认为有木星般大，而有人则认为，这颗星球的体积，极可能比现时人类已知的最大太阳系行星木星，还要大2～6倍，成为太阳系行星体积之最。这颗超巨型行星距太阳30 000亿里，是地球离太阳距离的32 000千倍。它的运行方向与其他九大行星相反，其运行速度也很缓慢，每600万年才会围绕太阳一圈。由于它接收到的太阳光十分少，因此很暗淡，只及人类肉眼看到最暗恒星光度的千万分之一。

路易斯安那大学的马泰塞教授在

研究过82颗彗星的运行轨道后，也表示太阳系边缘，可能有一颗不知名的行星正围绕太阳运行，当中以褐矮星的可能性最大。褐矮星是一种状态接近恒星，但永远不能收集足够能量成为真正发光恒星的星体，其密度远比土星的密度大。那颗不知名的恒星，仍然是一个困扰人类的难题。

探寻太阳系以外的智慧生命

英国爱丁堡天文技术研究中心宣布，他们在南鱼座的北落师门星系中发现了类似土星的行星留下的飞行痕迹，这可能是迄今为止在太阳系以外有行星围绕星球飞行的最清晰的证据。研究人员指出，这说明宇宙中除了人类以外还存在着其他有智慧生命的可能性超过50%。

北落师门星系距离地球25光年，研究人员发现一颗行星在其周围留下了圆盘状的巨型尘埃痕迹。研究人员是在对太阳系之外的100多颗行星进行间接观察之后得出上述发现的。

尤其值得一提的是，上述行星与北落师门星系之间的距离较之此前发现的一些太阳系外行星更远。

北落师门的体积超过太阳2.3倍，是宇宙中第17颗最亮的星球。北落师门周围的行星星系类似太阳系最初形成时的情况。现在太阳系已经有45亿年之久，而北落师门仅有2亿年的历史。

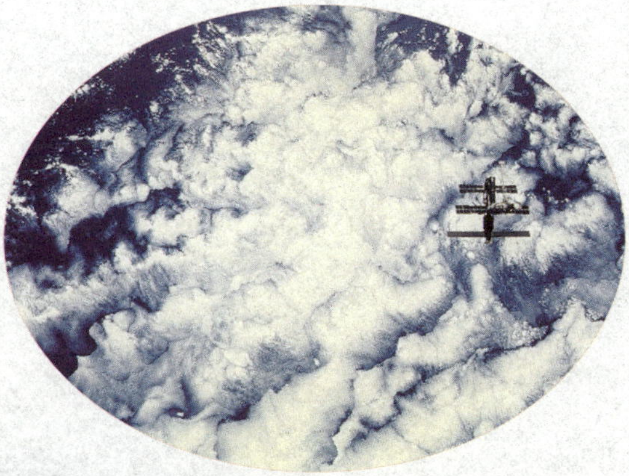